彩图版

习茶精要详解

下册 茶艺修习教程

周智修 编著

中国农业出版社

图书在版编目（CIP）数据

彩图版习茶精要详解 下册 茶艺修习教程/周智修编著. —北京：中国农业出版社，2018.7（2022.6重印）
ISBN 978-7-109-23634-9

Ⅰ.①彩… Ⅱ.①周… Ⅲ.①茶文化－中国 Ⅳ.①TS971.21

中国版本图书馆CIP数据核字（2017）第299869号

中国农业出版社出版
（北京市朝阳区麦子店街18号楼）
（邮政编码100125）
策划编辑 李 梅
责任编辑 李 梅

北京中科印刷有限公司印刷 新华书店北京发行所发行
2018年7月第1版 2022年6月北京第4次印刷

开本：889mm×1194mm 1/16 印张：15.75
字数：350千字
定价：160.00元
（凡本版图书出现印刷、装订错误，请向出版社发行部调换）

序 一

茶叶是我国人民和世界很多国家人民生活的必需品，是世界上消费量仅次于水的健康饮料。中国是茶的原产地，更有深厚的文化底蕴和丰富多彩的饮茶习俗，客来敬茶成为中华民族传统礼仪。同时，中国是世界上第一大茶叶生产国和消费国，2017年中国茶园面积达到了305.9万公顷，产量267.9万吨，国内消费量约190万吨，出口34.4万吨。最近三十年，尤其是进入21世纪以来，依赖于茶叶科技进步和茶文化普及，我国茶产业得到了快速发展。科技是做大做强我国茶产业的基石，而文化是茶产业腾飞的翅膀。

近年来，随着茶与健康研究的不断深入和茶文化、茶艺茶道的普及，越来越多的人喜欢上喝茶，这对于促进茶叶消费和产业发展起到了重要的推动作用。茶叶中儿茶素、咖啡因和茶氨酸等功能性成分对于人体有重要的保健作用。科技工作者每年发表茶与健康功能研究的论文约七百篇。根据文献的报道，茶叶对健康有以下作用：一，对缓解心血管疾病和代谢综合征有积极的作用。茶叶中的茶多酚确实可以减脂，可以降低体重和低密度胆固醇。二，对癌症有预防作用。大量的动物实验结果证明，茶多酚类化合物对癌症具有抑制作用。三，茶对神经退化性疾病有预防作用。四，饮茶可以抗氧化，延缓衰老，帮助人健康长寿，等等。饮茶不仅能解渴，具有保健功效，同时，饮茶还可以怡情养性。

本书作者周智修研究员，与我共事二十多年，她长期从事茶叶科技推广和茶文化普及工作，培训的茶艺学员遍布全国各地和东南亚地区。她勤于思考，善于总结，对茶艺的内涵和思想有独到见解，提出了习茶应知与应会，并以图解的形式分解了九套茶艺的详细流程。"习茶精要详解"内容丰富、图文并茂、形式新颖，是习茶者和饮茶爱好者不可多得的图书。

我自幼开始喝茶，已坚持喝茶八十年，研究茶叶五十多年。"饮茶一分钟，解渴；饮茶一小时，休闲；饮茶一个月，健康；饮茶一辈子，长寿。"希望越来越多的人喜欢喝茶、开始喝茶、坚持喝茶！

谨以此为序！

陈宗懋

中国茶叶学会名誉理事长、中国工程院院士

中国农业科学院茶叶研究所研究员，博士生导师

序 二

认识周智修女士多年,最近,共同参加了一次学术活动。返程路上,智修说起正在写作"习茶精要详解"上、下册,并邀请我写序。

我算是资深茶客,说资深,其实仅是指喝茶的年头。茶喝了也有几十年了吧,要说对茶和茶艺的研究,就只能算是"打酱油"的了。智修是中国农业科学院茶叶研究所研究员、培训中心主任、中国茶叶学会常务副秘书长和茶艺专业委员会主任委员,在茶叶领域耕耘数十年,她组织的全国茶艺培训已是品牌项目,培养的茶艺师不计其数,说桃李满天下应不为过。

自知茶学资历不够,写这个序就有些心虚。不过,换个角度考虑,这本书的读者,应该也有不少非茶学专业人士,属于爱好者。所以,不妨就从朋友和读者的角度,说说对此书的一些感受。

有个大家都熟悉的成语,叫"开卷有益",此话最早是宋太宗说的。宋太宗酷爱读书,处理国家大事之余,坚持日阅三卷,上千卷的《太平总类》一年就读完了。不过,根据我的读书体验,就当前书籍质量而言,这个沿袭千年的成语,现在需要打些折扣。

听人说过,来世上走一遭,总要留下一些东西,或者一个事业,或者一本书,或者一个孩子,才算不枉度人生。什么算是事业不好说,生孩子大多数人能做到,出书可就未必了。过去能出一本书,算是个人生涯中值得骄傲和庆幸的大事。而如今,一方面,出版技术日新月异,出书方式多种多样,新的传媒载体层出不穷;另一方面,红尘滚滚,人心浮躁。两个因素叠加,导致出书变得相对容易,而图书质量则是鱼龙混杂,良莠不齐。

我算是个爱茶人，也是爱书人。十一二岁时，就常在家长要求熄灯睡觉后，仍躲在被窝里打着手电筒看书，至今也有五十多年的读书经历了，目前还担任着一些全国性图书评比活动的评委。我读到过不少好书，常有一书在手、夫复何求的感受。可平心而论，现在这种读书的快感越来越少。有些书看了之后，并非获益匪浅，而是获益非常浅，不仅浪费时间，有些书的内容还有不少负能量。

然而，我看完智修这本书，不仅获益良多，并且还有惊喜。

"习茶精要详解"内容覆盖面广，可视为习茶大全。书中后半部内容主要是行茶要领，我对此不熟悉，无从置喙。前半部内容则集中论述了习茶的文化和内涵，我说的惊喜，主要来自这部分的阅读感受。对此，我感受较深的有两点：一是习茶需要智慧，二是习茶需要修养。

习茶需要智慧

看过不少茶艺演示，有个感觉，有些茶艺逐渐偏离习茶本意，看起来更像文娱表演。看时赏心悦目，过后就像风吹过，云走过，什么都没留下。

"习茶精要详解"上册开篇即鲜明提出："习茶是借由煮水、烹茶来启发人生智慧。"这个观点，成为贯穿全书的重要脉络。书中用许多篇幅论述了习茶的精神和文化层面内容。过去也看过一些相关论述，不过像本书这样系统地阐述，且能体现出一定思考深度的并不多见。

作者将这方面的内容概括为习茶七要、七则、七美、七境和七忌，重点落在习茶的内涵。其中，作者融入了许多国学知识，包括一些中国古代哲学理念，认为要从本质上理解茶，将哲学融入茶学，我认为这不但是必要的，而且是必须的。

对葡萄酒有些了解的人，大多知道近代微生物学奠基人路易·巴斯德（Louis Pasteur）的一句话："一瓶葡萄酒所包含的哲学，超过世界上所有的书。"茶亦如此。一杯清茶里的哲学，也许可以浓缩中国古代哲学的精髓。

茶是世界三大饮品之一，地球上每五个人中就有两个人喝茶。中国是茶的发源地，也是茶的生产和消费大国，无论从哪个角度看，茶都是很东方、很中国的。流行文化里使用中国元素，常会用红灯笼、旗袍、熊猫、中国结等，然而，这些符号相对表面化。茶、中医、古琴、围棋、书法、国画、庙宇、四合院、太极拳等，才真正从里而外地烙刻着中国印记，它们体现了中国传统文化的内涵，蕴含着中国古代哲学的思维。

比如，**中国哲学讲究中庸**。儒家提倡中庸之道，《中庸》说："中也者，天下之大本也。"中庸不是平庸，不是没有特点和个性，凡事和稀泥。所谓中庸，核心在于"度"的把握。只有善于调控，懂得节制，精于平衡，才能不走极端，做到不偏不倚，不亏不盈，通权达变，节制均衡。在平衡方面臻于完美，这属于大智慧，是很难达到的境界，失之毫厘，差之千里。

在饮品中，好口感的关键，也在于各种味道要素达到了最佳平衡。好的葡萄酒要看酸与涩的平衡，好的咖啡讲究酸与苦的平衡。至于茶，正如本书在论及水温时提到，茶的香气与咖啡因、茶多酚等苦涩味物质的溶出，就存在平衡问题。用高温泡凤凰单枞，香高，但是会苦涩。用75℃的水温来泡单枞茶，茶的香气和滋味就会相得益彰。所以，泡茶时要"找到一个平衡点，让茶的香气、汤色、滋味等发挥到'恰到好处'"。

再比如，**中国哲学注重和谐**。世间万物，并不是非黑即白、你死我活的关系，而是对立统一的整体。和谐是自然生存发展的根本法则，"和也者，天下之达道也。"正所谓相克相生，相辅相成。太和万物，和合包容。和衷共济，和而不同。儒家重视知行合一，仁而有序；禅宗强调情理合一，圆融静寂；道家追求天人合一，物我两忘。

和谐意味着包容。海纳百川，有容乃大。跳跃之溪，奔腾之河，汇入大海后，都归平和。善于接收，说明成熟，也意味着丰满醇厚。和谐，不是什么都没有，而是什么都有。好的调酒师，会将不同品种、不同庄园、不同风格的酒进行调配，充分发挥各种基酒的长处，弥补缺陷。波尔多的红酒，可以使用十几种葡萄进行拼配，以达到最好的香气。好的香港奶茶，也会使用多种红茶进行拼配，使其更加醇厚香浓。普洱茶中，班章为王，现在流行纯料，实际上，资深老茶客倒认为，纯班不如拼班好喝。著名的大红袍传统工艺传承人陈德华先生也认为，好茶拼配是为了提高品质，是在做优化，取长补短，优势互补。

还比如，**中国哲学崇尚自然**。《老子》称："人法地，地法天，天法道，道法自然。"信奉自然，适应自然，顺其自然而成其所以然，是万物运行的秩序，是生命的内在规律，也是生存的基本智慧。

法国勃艮第地区酿造葡萄酒，强调土地精神，讲究Terroir，大致意思是"风土"。他们还创造了一个词"Climat"，指的是一种特定小气候，大致涵盖了土壤、气温、阳光、雨水等自然环境，还为此申请了世界文化遗产。茶与葡萄酒一样，都是大自然孕育的作品，因此，茶也同样讲究Climat。葡萄藤和茶树都是植物，与动物相比，植物更加依赖自然环境，与周围的土地融为一体，一辈子不离不弃。一方水土养一方人，什么样的环境出什么样的茶。品茶，品的实质是那方水土。喝武夷岩茶要喝正岩的，小种红茶要喝正山的，龙井要喝狮龙云虎梅的，最好是狮峰的。说起普洱，则离不开六大茶山。所谓好茶，就是浓缩了其生长的自然环境精华的"生命液体"。梅有骨而竹有节，水能言而茶能语。只是，茶如果真的开口说话，一定不是普通话，而是本地特色方言。

品茶要信奉自然，习茶礼仪也如此。我在阅读本书时看到一些细节，十分讲究。比如，书中要求"行茶的动作，无处不弧，无处不圆。手掌手指手臂不宜僵硬僵直，自然放松弯屈即成弧，两弧相抱即成圆。"我理解这也是顺应自然的一种体现。西班牙建筑大师安东尼·高迪（Antonio Gaudi Cornet）的所有作品，完全看不到直线。他认为，直线是人类的东西，上帝的作品都是曲线。他设计的米拉公寓，从墙面、屋檐、屋脊、阳台、栏杆到扶手，全都是起伏不平的蛇形曲线。他的另一个著名代表作是巴塞罗那的圣家族大教堂，走进去如入森林，因为所有石柱都如同树木的枝杈。

说到这里，我想起日本茶道的一代宗师千利休。秋日，千利休的儿子打扫茶道庭院，打扫完毕后千利休却不满意。儿子说很干净了，已经一尘不染。千利休走过去，摇动树枝，金色和深红色树叶飘落满地，他说，这才是适合饮茶的自然环境。

习茶需要修养

世间事物，有俗的，有雅的。亦俗亦雅的不多，茶算一个。

要说俗，柴米油盐酱醋茶，日常生活的旋律，大家谁也离不了，都是下里巴人。要说雅，琴棋书画诗酒茶，皆为阳春白雪。七俗七雅，唯茶均占。

茶进入人类生活，从满足生理需求开始，逐渐转为需要同时满足人的精神需求。雅俗兼备的二重性，要求习茶之人具备良好的自身修养，才有可能达到大俗至雅、大雅若俗的境界。

正如本书所言，"茶艺是有思想和灵魂的""泡茶技法固然重要，习茶者丰富的学识修养、丰富的人生阅历及生活体验，是决定意境格调高低的关键。"在书中，有众多内容论述习茶礼仪，其中不仅涉及外在礼仪，更加关注内心自省，强调内外兼修，以实现"文与质的完美统一"，这是应该给予特别点赞的。

当然，书中习茶的很多要求一般人难以做到，不过，作为习茶的方向和目标提出来，仍然是必要的。书中论述的修养内容，有些颇能引发我的共鸣。

比如，书中提到，**习茶要心存感恩**。"以茶为载体，表达对人、对地、对天、对万物的尊重""没有敬，就没有礼""我们感恩大自然的赐予，感恩种茶人、采茶人、制茶人……存感恩之心的人，必定是幸福之人"。

茶与葡萄酒有太多相似之处，所以不妨还以葡萄酒做例子。在法国的勃艮第，常看到酒庄人斟完酒后，会舔掉酒瓶口或手指上的残留酒滴。这个动作细节，显露了勃艮第人的历史传统。公元11世纪，西都会（Citeaux）修士们来到这里开垦葡萄园，他们对土地无比热爱，用舌头品尝土壤，分辨土质。他们认为葡萄沐浴阳光，吸收雨露，集纳土地灵气，是大自然的慷慨馈赠，他们甚至愿意和葡萄同生死。正是这种态度和理念，才使勃艮第成为粉丝们心中的葡萄酒圣地。在葡萄酒世界，新贵们说：其实赶超波尔多并不难，但是，勃艮第太遥远。

书中还提到，**习茶要心存谦卑**。也许会有读者觉得不好理解。我的体会是，习茶要心存谦卑，可以有多重理解。

比如，**谦卑来自谦逊**。习茶是门大学问，茶海无涯，学无止境。习茶江湖，藏龙卧虎，人外有人，山外有山。许多表面上不露声色随意泡茶的人，举手投足，看似不经意，其实每个招式都有讲究，都是岁月的沉淀。"知不知，上。"知道自己还有很多不懂，才是懂得一些习茶道理了。

再进一层，**谦卑来自敬畏**。对自然之物的敬畏，对作为"百草之首、万木之花"的茶之敬畏。敬畏产生内敛。喝烈酒的人，时常可见比较张狂的，而真正的茶人，大多内敛低调，端正谦和，就像一棵安静的茶树。

更深一层，**谦卑来自品性**。我曾在日内瓦新广场北面的亨利·杜南（Henry Dunant）塑像前脱帽致敬。我崇敬这位红十字会创始人的原因，不仅是因为他和红十字会帮助过很多人，更是因为他说："我们应该学会谦恭地帮助别人。"对别人提供帮助，有人是用高高在上的姿态，也有的人是杜南说的这种。大海是谦卑的，它把自己降到最低，千山万壑的海拔都从海平面起算。同时，大海也是最高的，它是生命摇篮，万物归宿。

修养包括仪态举止，本书对此提出一些具体要求，包括"体态端正，服饰整洁，表情诚敬，言辞文雅"等。看到这里，觉得熟识，仔细一想，觉得这正是本书作者给人的印象。再回头一看，这篇序言写了几千字，其实只说了两个词：一是"智慧"，二是"修养"。而这两个词，正好契合了作者的名字。名如其人，文如其人，作者写的，也正是她身体力行的。

我见过许多如同智修女士一样的习茶者，从里至外透着茶的优雅。至于什么是茶的优雅，则一言难尽。因为，这不仅是仪态举止，更是一种精神气质。也希望，通过学习，通过阅历，能有越来越多具备这种气质的习茶者。

沈爱民

中国科协书记处原书记

前 言

记得十年前，我与我的同事在杭州接待一位在联合利华工作的英国人。他说："我家三代人做茶，我爷爷做茶，我爸爸做茶，我也做茶。所以，我的血液里流的都是茶！"当时我非常惊讶，这位来自英国的年轻人如此喜欢茶，如此敬业，对茶有极其深厚的感情。

时间再回到2008年5月12日，汶川大地震让许多中国人承受了刻骨铭心的痛。5月15日晚，当我们含泪从电视上看到救援人员从废墟中挖出一个活着的男孩时，真是欣喜若狂！男孩被抬上担架后，他没有忘记"那个约定"，他说："叔叔，我要喝可乐，要冰冻的。"之后，这个男孩被称为"可乐男孩"。欣喜之余，这位"可乐男孩"也让茶人们深思。

几年前，美国佛罗里达大学柑橘研究与教育中心的Fred G. Gmitter Jr. 教授应邀来我家喝茶，从晚饭后一直喝到深夜，品饮了六大茶类中各有特色的七八款茶，包括碧螺春、缙云黄茶、金观音、大红袍等。我们围绕茶交谈甚欢，他临走时给我们写下一段话："No tea, no life. Know tea, know life."这是一位有二十年喝茶史的美国人对茶的感悟。我拿着这位美国学者写的字，感慨万千！我们的年轻一代，有些人不喝祖先已喝了几千年的茶而喜欢喝外来的饮料！我们似乎在丢失些什么。相反，有些外国朋友对中国的茶及茶文化兴趣越来越浓厚，甚至对茶还很有感悟。作为从事茶叶工作二十多年的茶人，我觉得有责任、有义务做点什么，这是我写"习茶精要详解"的原因之一。

茶起源于中国，世界上第一次出现"茶道"两个字是在唐代诗僧皎然的茶诗中。一千多年来，从陆羽的"精行俭德"，到赵佶的"致清导和"，再到张源的"精、燥、洁，茶道尽矣"，历代文人、帝王不断丰富和发展"茶道"的内涵，茶道思想逐渐融入了中国儒、释、道三大传统文化的思想精髓。从另一个角度来看，茶实际上是传统文化很好的载体。所以，我认为，要了解中国文化，可以从习茶开始，习茶可以传承中国传统文化，习茶可以坚定文化自信，这是我写"习茶精要详解"的第二个原因。

　　"知行合一"是明代哲学家王阳明的重要思想之一。他认为，知、行不可分开，知就是行，行就是知。知而不行为未知，行而不知为无行。受这位家乡哲学家"知行合一"思想的启发，我在"习茶精要详解"内容安排上下了一些功夫，将书分上、下两册，上册主体内容为"习茶应知"和"习茶应会"，用图两千多张，由我亲自演示；下册主体内容是泡、煮、点等九套茶艺修习，也用了两千多张图片，是在我的设计指导下，大多由学生演示，重点是茶艺流程。"知行合一"，以习茶来抵达"良知"，也许是习茶的目标之一。

　　习茶是借由烧水、烹茶来启发人生智慧。"习茶精要详解"阐述了习茶的内涵和思想，首次为习茶归纳出七要、七则、七美、七境和七忌。"七要"是习茶必不可少的七个要素，包括茶、水、器、时、仪、心和神，前五者是物质要素，是基础；后二者是人的精神要素，是贯穿始终的核心，强调人的精神要素的重要性，特别是习茶的心态。当我们怀着敬畏之心、感恩之心、谦卑之心、平和之心来泡这杯茶时，我们会珍惜手中的这一泡茶，想方设法泡好这杯茶。"七则"是指习茶的七个准则、法则，其依据茶艺的核心思想所遵循的标准、原则或行茶法则，包括细致精准、方圆结合、恰到好处、慎始慎终、细雨润物、默契律动和道法自然，这七则也是行为处事的法则。"七美"是指茶艺的意境之七美。茶艺之美融合了儒、释、道三家的美学思想，既有儒家的平和中庸、文质彬彬的充实之美，又有道家返璞归真、天人合一的超凡脱俗之美，更有佛家的圆融、静寂之美。茶艺七美包括：真美、和美、静美、雅美、壮美、逸美、古美等，当然，茶艺之美不仅仅限于此。"七境"是指习茶的七个阶段，包括登堂入室、形神兼备、内外兼修、自觉自悟、技进乎道、从心所欲和度己度人。朱光潜先生在《谈美》的结尾告诫人们："慢慢走，欣赏啊！"人在欣赏美时得到人性和灵魂的舒展，"在欣赏时人和神仙一样的自由，一样有福"。所以，习茶犹如赴美学之旅、心灵之旅，习茶让我们的生活更美好！习茶永远在路上，没有终点。

　　我在中国农业科学院茶叶研究所一直从事茶叶科技的推广和茶文化的普及传播工作，培训的学员数以万计，分布在中国各省自治区、直辖市及日本、韩国、马来西亚、美国、意大利等国家。工作、学习、思考、探索、总结、再学习……这是我二十多年工作经历的真实写照，感谢中国农业科学院茶叶研究所给我这么好的平台，感谢所有指导、帮助过我的专家和同事们。在此，特别要感谢陈宗懋院士，对本书的框架结构和内容提出指导性意见，并欣然为本书作序；感谢俞永明研究员和阮浩耕编审，仔细审读并修改书稿，分别从科学和文化两方面把关；也要感谢读者的宽容。

　　"习茶精要详解"非学术专著，是实践、思考、探索的成果。由于水平所限，不妥之处，万望指正。

周智修

2017年9月

目录

第一章 玻璃杯泡法修习

第二章 盖碗泡法修习

第三章 小壶泡法修习

第四章

煮茶法修习

第五章

点茶法修习

玻璃杯泡法修习

玻璃器具是泡茶常用的器具，有杯、碗、盅等。

玻璃器具的性质比较稳定，晶莹剔透，散热快。

用玻璃杯泡茶既可欣赏干茶在水的滋润下舒展而重获生机的状态，又可欣赏清澈、明亮的茶汤，可谓赏心悦目。

玻璃杯适合冲泡外形秀美的名优绿茶、黄芽茶、黄小茶、工夫红茶、针形白茶等。

泡茶时宜选用杯底较厚的玻璃杯，这样不易烫手和损伤桌面；

杯身高八厘米左右，杯口直径较大者有利于茶叶因水的冲力上下翻滚，以保持杯内茶汤上下浓度均匀一致。

第一节
绿茶玻璃杯泡法

　　绿茶可以杯泡、壶泡、碗泡等，器具的材质可以选用玻璃、陶、瓷等。本套茶艺选用三个玻璃杯，用下投法冲泡同一款形状秀美、芽叶完整的名优绿茶。

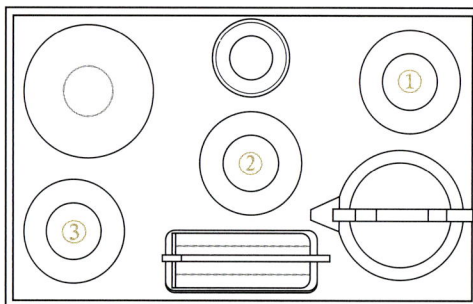

一、准备

准备工作包括习茶者自身从外至内的准备、器具清洁完备和场所布置整洁等。习茶者身体清洁、妆容整洁、心情平静放松是准备的重点（以下每套茶艺修习准备工作基本相同，不再重复）。

把洗净、擦干的茶具摆放在茶盘中，称之为备具；把茶盘中的茶具布置到席面上，称之为布具。每一件器具在茶盘中和席面上都有固定的位置，那是它们的"家"。

备具 三个玻璃杯倒扣在杯托上，放于茶盘右上至左下的对角线上，水壶放在右下角，水盂放在左上角，茶叶罐放于中间玻璃杯的前面，茶荷叠放在受污上，放于中间玻璃杯的后面。

器具名称	数量	质地	容量或尺寸
玻璃杯	3	玻璃	直径7厘米，高8厘米，容量220毫升
玻璃杯托	3	玻璃	直径11.5厘米，高2厘米
茶叶罐	1	玻璃	直径7.5厘米，高14厘米
水壶	1	玻璃	直径15厘米，高16厘米，容量1400毫升
茶荷	1	竹制	长16.5厘米，宽5厘米
茶匙	1	竹制	长18厘米
受污	1	棉质	长27厘米，宽27厘米
水盂	1	玻璃	直径14厘米，高6厘米，容量600毫升
茶盘	1	木质	长50厘米，宽30厘米，高3厘米

二、师匠的提示

修习型绿茶玻璃杯泡法的关键点为：取茶量、水温和冲泡时间的控制。

1. 取茶量要合适

以每杯2克茶计算，茶荷取茶的量应是6克，并均匀分入三个玻璃杯中。

2. 冲泡的水温

一般是用刚煮开的水，若是夏天可以直接冲入玻璃壶内使用，若是冬天，玻璃壶下面需放个保温器。水温以85℃以上为宜。

泡茶水温选择85℃并不是担心沸水烫伤茶叶，而是为品茗者着想。品茗者品茶时，茶汤的最佳温度是45~55℃，茶汤温度超过60℃时会明显感觉到烫，并会损伤舌头表面的味蕾细胞。玻璃杯作泡茶器，又作品茗杯，直接奉茶给品茗者品尝，中间没有使用茶盅这个环节，茶汤温度无法快速下降，所以，尽量不用水温太高的开水。

奉给品茗者的应是一杯浓度和温度都适宜，可口又暖心的茶汤！

3. 冲泡时间的控制

绿茶一般需要泡2~3分钟，茶叶中物质浸出才有一定的量，所以，通常分两次注水，第一次斟少量水，温润一下茶叶，然后摇香，让茶叶充分舒展。摇香的重点在把握摇香的速度，以茶叶条索紧结程度确定摇香的速度，茶叶紧结则摇香缓慢，茶叶松散则摇香快速。第二次注水时，让茶叶在杯中上下翻滚，可以用一次定点冲泡法，也可以用三上三下定点冲泡法，目的是使茶汤浓度上下一致，也有利于散热。

三、流程

上场→放盘→行鞠躬礼→入座→布具→行注目礼→温杯→取茶→赏茶→置茶→润茶→摇香→冲泡→奉茶→收具→行鞠躬礼→退回

1. 上场

图3　直角转弯（参见第三章*"行姿与转弯"），向右转90°，面向品茗者，身体为站姿，两脚并拢，紧靠凳子，脚尖与凳子的前缘平齐。双手端盘，肩关节放松，双手臂自然下坠

图1、2　身体放松，挺胸收腹，目光平视，上手臂自然下坠，腋下空松，小臂与肘平，茶盘高度以舒服为宜，离身体半拳距离，右脚开步

*"参见"章节指《彩图版习茶精要详解上册习茶基础教程》，全书同，此后不再标注。

2. 放盘

图1　右蹲姿（参见第三章"蹲姿"），右脚在左脚前交叉，身体中正，重心下移，双手向左推出茶盘，放于茶桌上

图2　双手、右脚同时收回，成站姿

3. 行鞠躬礼

双手松开，贴着身体，滑到大腿根部，头背成一条直线，以腰为中心身体前倾15°，停顿3秒钟，身体带着手起身成站姿（参见第三章"习茶礼"）

4. 入座

右入座（参见第三章"入座、坐姿与起身"），右脚向前一步，左脚并拢，左脚向左一步，右脚并拢，身体移至凳子前，坐下

5. 布具

图1、2 从右至左布置茶具，移水壶。先捧水壶，右手握提梁，左手虚护壶身，意为双手捧壶表恭敬，从里至外沿弧线放于茶盘右侧中间

图3~5 移茶荷。双手手心朝下，虎口成弧形，手心为空，握茶荷，从中间移至右侧，放于茶盘后

图6~9　移受污。双手手心朝上，虎口成弧形，手心为空，托受污，从中间移至左侧，放于茶盘后

图10、11　移茶罐。双手捧茶罐，从两杯缝间，沿弧线移至茶盘左侧前端，左手向前推，右手为虚

图12~15　移水盂。双手捧水盂，从两杯缝间，沿弧线移至茶盘左侧，放于茶罐后，与茶罐成一条斜线

图16~19　翻杯。右上角杯为第一个（参见第三章"翻杯"）

图20　翻第二个杯

图21　翻第三个杯

图22　布具完毕。三个品茗杯在茶盘对角线上；受污与茶荷放于茶盘后，以不超过茶盘左右长度线为界；茶叶罐与水盂在左侧，在茶盘的宽度范围内；水壶置于茶盘右侧中间

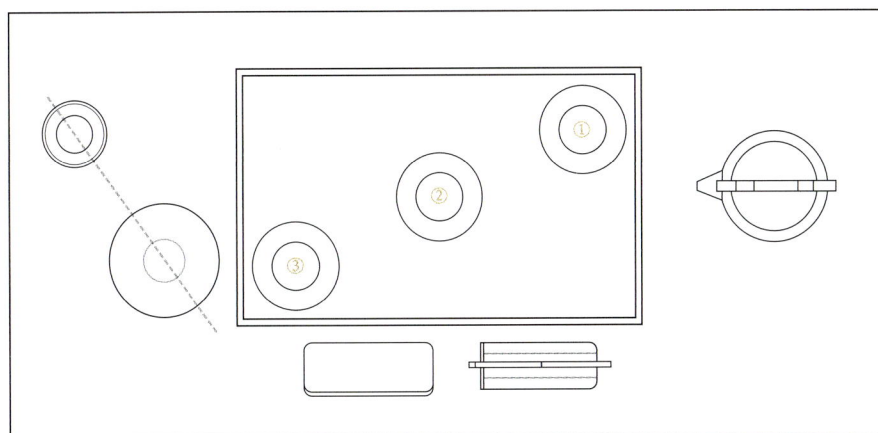

▲布具完毕，茶具位置示意图

6. 行注目礼

正面对着品茗者，坐正，略带微笑、平静、安详，用目光与品茗者交流，意为"我准备好了，将用心为您泡一杯香茗，请您耐心等待！"（参见第三章"习茶礼"）

7. 温杯

图1~3　右手提水壶（参见第三章"提水壶"），先沿弧线收回至胸前，调整壶嘴方向，往第一个杯中逆时针注水至杯子的三分之一处

图4、5　手腕转动调整壶嘴方向，往第二个杯逆时针注水至杯子的三分之一处

图6、7　腰带着身体略向左转，手腕转动调整壶嘴方向，往第三个杯逆时针注水至杯子的三分之一处

图8、9　放回水壶

图10、11　双手捧起第一个玻璃杯

图12~19　手腕转动，温杯（参见第三章"温具"）

图20~23　弃水（参见第三章"温具"中的弃水）

图24　压一下受污，吸干杯底的水渍

图25　放回杯托上

图26~32　温第二个玻璃杯

图33~35　弃水

图36　压一下受污，吸干杯底的水渍

图37　放回杯托上

图38　温第三个玻璃杯

8. 取茶

图1　捧茶叶罐，左手为实，右手为虚

图2　捧至胸前

图3　开盖（参见第三章"开、合茶叶罐盖"）

图4~6　向里沿弧线放下罐盖

图7　右手持茶匙，虎口为弧形，掌心为空　图8　取茶（参见第三章"取茶、置茶"）

图9、10　茶匙搁于受污上，茶匙头部伸出

图11~14　合盖

15　图15　放回茶罐

9. 赏茶

1

2

图1　右手手心朝下，四指并拢，虎口成弧形，握茶荷

图2　接着左手握茶荷，成双手握茶荷

3

4

5

图3、4　左手下滑托住茶荷

图5　右手下滑托住茶荷，成双手托
　　　住茶荷

6

7

8

图6~8　赏茶（参见第三章"赏茶"），腰带着身体从右转至左，目光与品茗者交流，
意为："这是制茶人用心制作的茶，我将用心去泡好它，也请您用心去品味它。"

图1　右手取茶匙

图2~4　置茶于第一个杯（参见第三章"取茶、置茶"），约2克

图5　置茶于第二个杯

图6　置茶于第三个杯

图7　放茶匙于茶荷上，托茶荷的左手掌心为空；持茶匙的右手虎口为圆形，掌心为空

图8 右手握茶荷

图9 左手从下往上滑，向下握茶荷

图10 放下茶荷

11. 润茶

图1、2 提水壶

图3、4 斟水（参见第三章"注水"）。逆时针注水至第一个杯子的四分之一处，要求水柱细匀连贯

图5 向第二个杯子注水

图6 向第三个杯子注水

图7~9　注水毕，将水壶放回原处

7　　　　　　8　　　　　　9

图1、2　双手捧杯

1　　　　　　2

3　　　　　　4　　　　　　5

图3~7　摇香（参见第三章"摇香"）慢速旋转一圈，快速旋转两圈

6　　　　　　7

图8　第一个杯放回原处

图9、10　第二个杯摇香，放回原处

图11　第三个杯摇香

13. 冲泡

图1~5　用定点冲泡法注水（参见第三章"注水"），第一个杯冲水至三分之二处

图6~8　调整壶嘴方向，第二个杯冲水至三分之二处

图9、10　调整壶嘴方向，第三个杯冲水至三分之二处

图11~13　将水壶放回原处

图14~18　双手端茶盘，至胸前

图19　起身（参见第三章"入座、坐姿与起身"）

图20　从左边出

14. 奉茶

图1、2　端盘至品茗者前（参见第三章"奉茶"）

图3、4　行礼（参见第三章"习茶礼"）

图5　品茗者回礼

图6、7　左手托茶盘

图8~10　右蹲姿

图11~15　奉茶

图16　伸出右手，示意"请"，行奉
中礼。品茗者回礼

图17、18　后退一步

图19　行奉后礼

图20　品茗者回礼

图21、22　转身离开品茗者的视线

图23~25　移动盘内杯子，使杯子整齐排布在茶盘中，重心平稳

图26　端盘至另一位品茗者前，继续奉茶

15. 收具

图1　收盘（参见第三章　图2　从左侧进入　图3　或从右侧进入
"端盘、收盘"）

图4、5　放下茶盘

图6、7　入座

8

9

10

图8~10　收具。从左至右，器具返回的轨迹为"原路"，最后一件从茶盘里移出的器具最先收回，并放回至茶盘原来的位置上。先收水盂

11

12

13

图11~13　收茶罐

14

15

图14、15　收受污

16

17

18

图16~18　收茶荷

图19~21　收水壶

图22　放回茶盘原位

图23、24　端茶盘

图25　起身（参见第三章
"入座、坐姿与起身"）

图1、2　左脚后退一步，右脚并上，行鞠躬礼

图1、2　端盘退回

四、收尾

收尾工作在水房里完成，不属于演示的内容，但也是修习的重要部分，必不可少。把用过的器具洗净、擦干，再将奉茶的三个玻璃杯收回，清洗、沥干，放入贮藏间对应的柜子内，把场所收拾干净，布置如初。

有始有终，做好收尾工作，也为后面的习茶者做好准备。

五、师匠的叮嘱

奉给品茗者的玻璃杯中，当茶汤还剩三分之一时，习茶者可提水壶续水，不要等喝干了再续，绿茶一般可续两次水。

玻璃杯传热快，容易烫手，握杯时尽量握住杯底较厚的部分，用中指和拇指握住杯底，其余手指自然弯曲，虚护。握住杯子的右手，在行茶过程中始终不放开，直至将其放于固定的位置上，安顿好后，才依依不舍地松手。

温杯时，要求杯子倾斜，热水温到杯口，杯子旋转360°，热气环绕杯内旋转一圈，犹如一片白云飘过，很静、很美！但难度有点大，需非常专注，不小心水会外溢或水温烫不到杯口。

掌握动作要领，专注、放松，反复练习，心会慢慢安静下来，使注意力集中，聚精会神。

大多数初学者认为冲泡绿茶比较简单，听老师讲解和看老师演示也不难，但往往自己动手练习时发现有点难，与原来的预期不一致，于是有些初学者会产生畏惧心理，有的人甚至想修改动作和流程，按自己的方式去做。这种想法和做法阻碍了进入师门的脚步，仿佛一只脚跨进门槛里面，另一只脚留在门槛外面，往门内探了一下头，又退出来了。我们都知道万事开头难，只要按动作要领一个动作、一个动作做到位，并按流程连贯起来，多练习几遍，慢慢就找到感觉了。

慢慢练，欣赏、享受练习的过程吧！

第二节
绿茶玻璃杯上、中、下投泡法

选用三个玻璃杯一次冲泡三款不同的茶，分别使用上投、中投、下投三种投茶方法。如果三款茶适合两种投茶方法，如两款茶下投，一款茶上投作为一个组合也可以，以此类推。茶叶种类方面，三款茶可以都是绿茶，也可以是绿茶、红茶、黄茶的组合，或两绿一红，或两红一绿等。根据茶性科学地组合，以泡好三杯茶汤为目的，灵活运用。

本套茶艺选用的是三款绿茶，碧螺春用上投泡法，羊岩勾青用中投泡法，龙井茶用下投泡法。

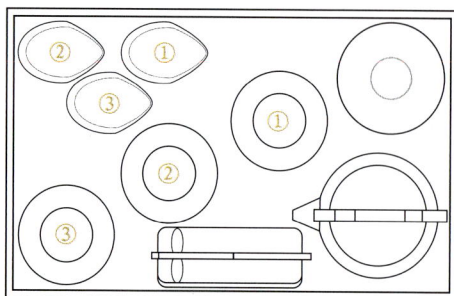

一、准备

备具　三个玻璃杯倒扣在杯托上，与水盂放在茶盘右上至左下的对角线上，水壶放于右下角，三个玻璃茶荷内先备三款茶叶，每一款2~3克，放于左上角，茶匙搁于茶匙架上，叠在受污上，放于中间玻璃杯后面，各器具在茶盘中都有固定的位置。

器具名称	数量	质地	容量或尺寸
玻璃杯	3	玻璃	直径7厘米，高8厘米，容量220毫升
玻璃杯托	3	玻璃	直径11.5厘米，高2厘米
水壶	1	玻璃	直径15厘米，高16厘米，容量1400毫升
茶荷	3	玻璃	长16.5厘米，宽5厘米
茶匙	1	竹制	长18厘米
茶匙架	1	竹制	长3厘米，高2厘米
受污	1	棉质	长27厘米，宽27厘米
水盂	1	玻璃	直径14厘米，高6厘米，容量600毫升
茶盘	1	木质	长50厘米，宽30厘米，高3厘米

二、师匠的提示

茶的上投、中投、下投泡法，起源于明代。张源《茶录》中说："投茶有序，毋失其宜。先茶后汤，曰下投；汤半下茶，复以汤满，曰中投；先汤后茶，曰上投。春、秋中投，夏上投，冬下投。"这段话的意思是：四季喝茶用不同的泡法，春、秋季用中投泡法，夏季用上投泡法，冬季用下投泡法。可见古人最初是以季节不同而改变泡法。

绿茶是中国生产量和消费量最大的茶类，四大茶区都有生产，外形最丰富，品质有一定差异。为充分展现不同茶的特性，本套茶艺设计分别采用上投、中投、下投法冲泡，配合水温、茶量、冲泡时间等因子的综合调控，以泡好每一杯茶汤为目的，一次同时泡好不同的三款茶。

古人以季节来分上、中、下投泡法，现在则主要以茶的外形特征来甄选上、中、下投泡法。

1. 适合上投泡法的绿茶

适合上投泡法的绿茶，其特征为外形细紧、卷曲、重实、显毫，如碧螺春、都匀毛尖、信阳毛尖等，这些绿茶毫多、细嫩，用上投置茶，茶叶以自身的重量慢慢沉入杯底，大部分茶毫依附在茶上下沉，极少漂在汤里，所以茶汤仍清澈、明亮。若用下投置茶，水的冲力使茶毫脱落，茶汤就会混浊，视觉效果不够愉悦。用上投泡茶，且原料较细嫩，水温宜略低，70~80℃较为合适。

2. 适合中投泡法的绿茶

茶的外形介于适合上投与下投两者之间的绿茶，似卷非卷，似扁非扁，如羊岩勾青等，可以选择中投泡法，水温以90℃左右为宜。

3. 适合下投泡法的绿茶

适合下投泡法的绿茶，其特征为外形、体积较大，芽叶肥壮，如扁形、兰花形、颗粒形等大部分绿茶，冲泡这些绿茶所需的水温较高，一般为90~95℃，冲泡时间略长，需2~3分钟。

三、流程

> 上场→放盘→行鞠躬礼→入座→布具→行注目礼→温杯→下投置茶→润茶→中投注水→中投置茶→摇香→冲泡→上投注水→上投置茶→奉茶→收具→行鞠躬礼→退回

1. 上场

   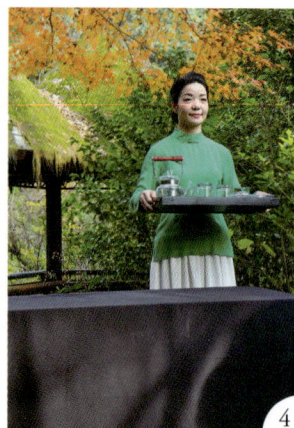

图1~3 端盘上场，身体为站姿，两脚并拢，右脚开步，双手端盘，肩关节放松，两手臂自然下坠，小臂与肘平，茶盘高度以舒服为宜

图4 向左转90°，面向品茗者，双脚并拢，右脚上前一小步，左脚跟上并拢，脚尖与凳子的前缘平齐，身体紧靠凳子

2. 放盘

左蹲姿（参见第三章"蹲姿"），左脚在右脚前交叉，身体中正，重心下移，双手向右推出茶盘，放于桌面

3. 行鞠躬礼

 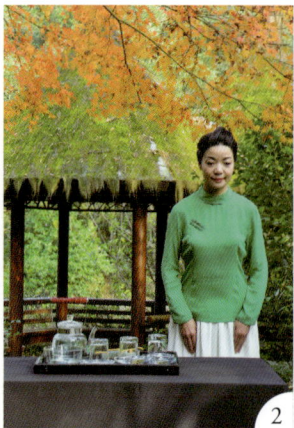

图1 左脚、双手收回成站姿

图2 行鞠躬礼，双手松开贴着身体滑到大腿根部，头背成一条直线，以腰为中心身体前倾15°，停顿3秒钟，身体带着手起身成站姿

4. 入座

图1、2　入座（参见第三章"入座、坐姿与起身"）

5. 布具

图1~4　从右至左布置茶具。移水壶。先捧水壶，右手握提梁，左手虚护壶，意为双手捧壶，表恭敬

图5~9 移水盂。双手捧水盂，沿弧线移至水壶后，与水壶成一条斜线

图10~13 移茶匙和茶匙架。双手手心朝下，虎口成弧形，手心为空，右手握茶匙，左手握茶匙架，从中间移至右侧，放于茶盘后

图14~17 移受污。双手心朝上，虎口成弧形，手心为空，托受污，从中间移至左侧，放于茶盘后

图18~24　移1号茶荷。右手持1号茶荷，从两杯缝间，沿弧线移至胸前，再换左手推送茶荷至茶盘左侧前端，左手向前推，右手为虚，放在离身体最远端左侧（不超过茶盘前缘）

图25~29　移2号茶荷。右手持2号茶荷，从两杯缝间，沿弧线移至胸前，再换左手推送茶荷至茶盘左侧1号茶荷后，略靠近茶盘，左手向前推，右手为虚

图30~34　移3号茶荷。右手持3号茶荷，从两杯缝间，沿弧线移至胸前，再换左手推送茶荷至茶盘左侧2号茶荷后，位置更靠近茶盘，左手向前推，右手为虚，3个茶荷在一条斜线上

图35~40　双手移动1号杯、2号杯与3号杯至茶盘对角线上

图41~48　翻杯（参见第三章"翻杯"）。依次翻转1号杯、2号杯、3号杯

图49　布具完成。三个品茗杯放在茶盘对角线上；右侧为水盂与水壶，左侧为茶荷；受污与茶匙在茶盘后面，以不超过茶盘的长度为界

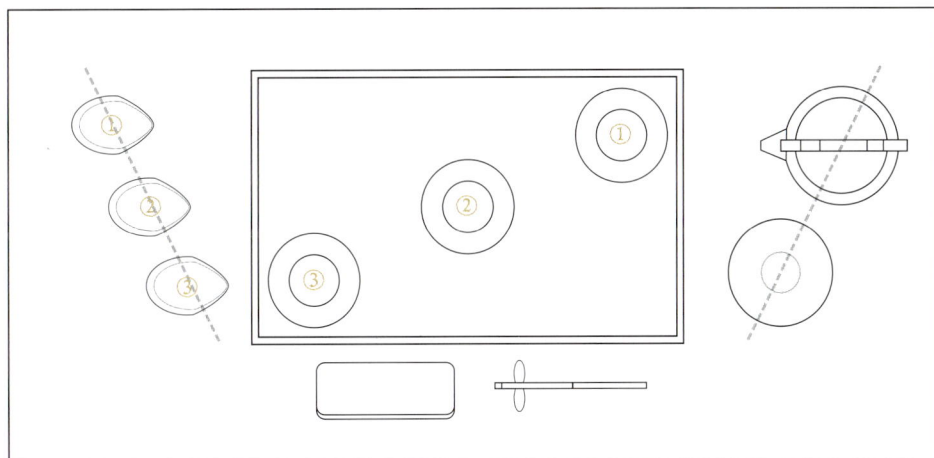

▲布具完毕，茶具位置示意图

6. 行注目礼

目光平视，与品茗者交流，意为"我已准备好，将用心为您泡茶，请耐心等待。"（参见第三章"习茶礼"）

图1~6　温杯，右手提水壶，先沿弧线收回至胸前，手腕转动调整壶嘴方向，移到右上角1号杯上方，逆时针注水至杯子的三分之一处

图7~10　再调整壶嘴方向，往2号杯、3号杯注水

图11~14　放回水壶

图15~17　1号杯温杯（参见第三章"温具"）

图18~20　弃水

图21、22　1号杯弃水后归位，再温2号杯、3号杯

8. 下投置茶

图1　握1号茶荷，左手手心朝下，虎口成弧形

图2　移至胸前，右手手心朝下握茶荷

图3、4　左手下滑托住茶荷，右手下滑托茶荷　　图5、6　左手往里转茶荷45°，右手取茶匙

图7、8　双手移1号茶荷至1号杯上方，右手分三次拨茶叶入杯中

图9、10　拨茶毕，将茶匙放回原位

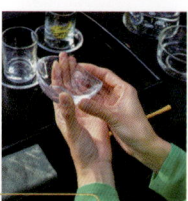

图11、12　将茶荷放回原位

9. 润茶

图1~4　1号杯润茶。右手提水壶，移至胸前，再调整方向，移至1号杯上方，转动手腕，逆时针向1号杯注水至三分之一杯

10. 中投注水

图1、2　水壶移至2号杯上方，注水至三分之一杯

图3~5　放下水壶

图1、2　左手手心朝下，虎口成弧形，握2号茶荷，右手取茶匙拨茶于2号杯

12. 摇香

图1~3　1号杯摇香（参见第三章"摇香"）

图4　2号杯摇香

13. 冲泡

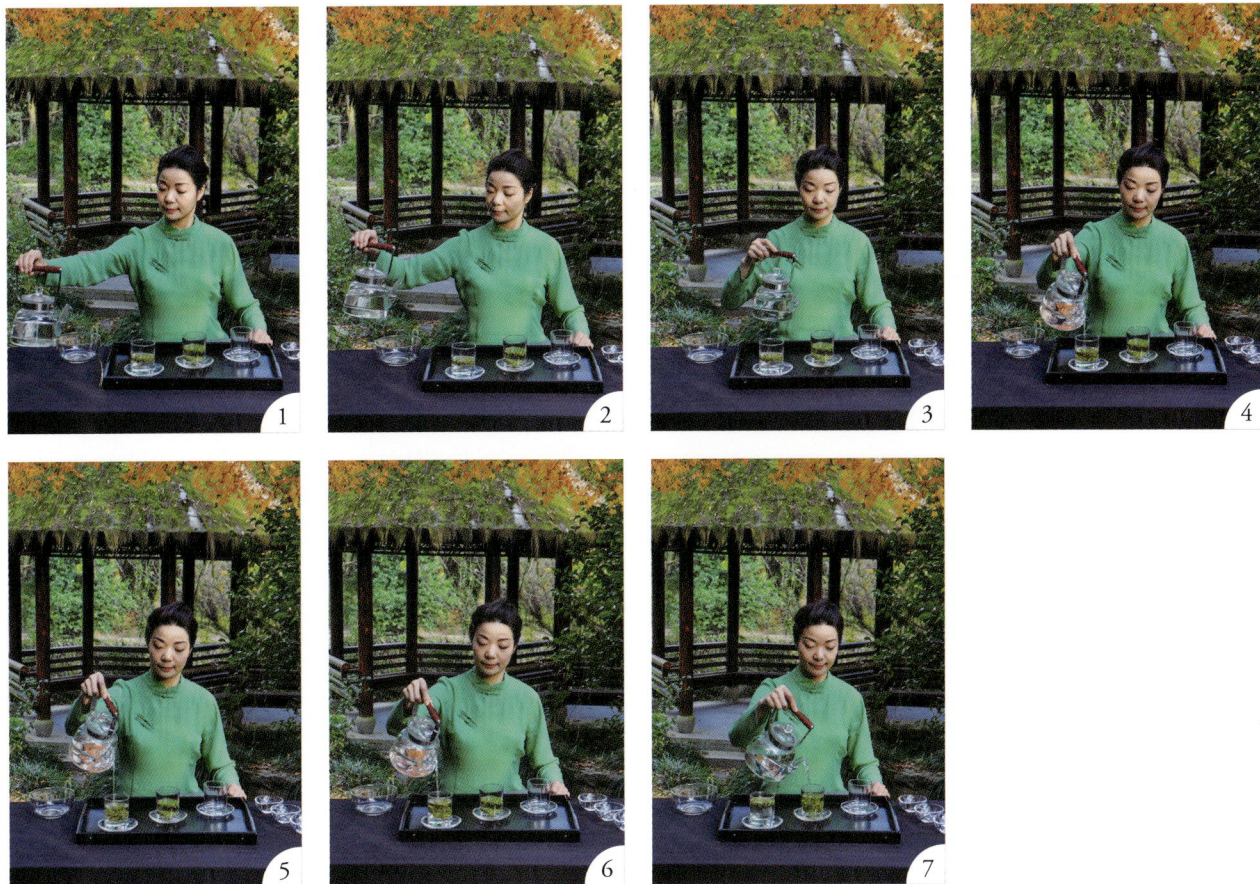

图1~7　右手提水壶，向1号杯、2号杯注水，用一次定点冲泡或三上三下定点冲泡，让茶叶在杯中上下翻动，注水至七分满

14. 上投注水

图1、2　水壶移至3号杯上方，慢慢提高水壶，逆时针回旋注水至七分满，放回水壶

15. 上投置茶

图1、2　左手手心朝下，虎口成弧形，取3号茶荷，右手拨茶入3号杯，让茶叶慢慢沉入杯底

图3　放回茶匙与茶荷（参见第三章"取茶、置茶"）

16. 奉茶

图1~4　先端盘，再起身，左脚向左一步，右脚并拢，左脚后退一步，右脚并上

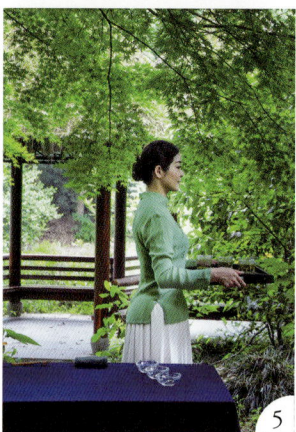

图5　向左转90°，转身，右脚开步

图6、7　端盘至品茗者前（参见第三章"奉茶"）　　　　　　　　图8　行奉前礼

图9　品茗者回礼　　　　　图10　左手托盘　　　　　图11　右蹲姿，身体重心下移

图12~13　奉茶，伸出右手，行奉中礼　　　　　　图14　品茗者回礼

图15　起身，后退一步　　　　　图16　行奉后礼　　　　　图17　品茗者回礼

图18　转身，移动盘内杯子，使杯子均匀分布，继续奉茶

图1~3 收盘，从左边入座，茶盘放于身体右侧（参见第三章"端盘、收盘"）

图4 放下茶盘

图5、6 入座（参见第三章"入座、坐姿与起身"）

图7 收具。先收茶荷

图8~15 从左至右收具，器具按"原路"放回，最后移放出的器具第一个收回，并放回至茶盘原来的位置。先收3号茶荷，再收2号、1号茶荷

图16、17 收受污

图18、19 收茶匙与架，放于受污上

图20、21 收水盂

图22　将水盂放回原位

图23~25　收水壶，放于原位

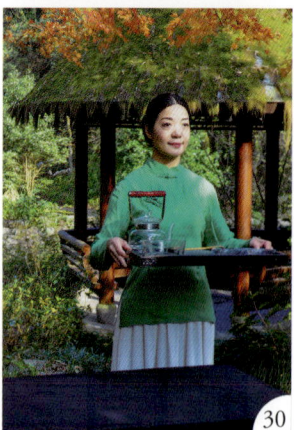

图26~30　先端盘再起身，左脚向左一步，右脚并拢，左脚后退一步，右脚并上

18. 行鞠躬礼

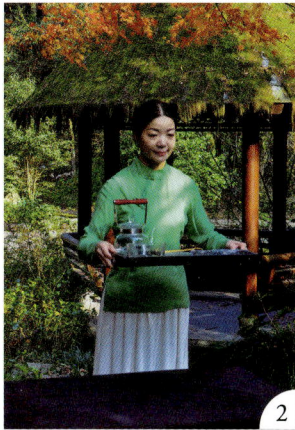

图1、2　行鞠躬礼

19. 退回

端盘转身退回

四、收尾

收尾工作同上节，有始有终，养成好习惯。

五、师匠的叮嘱

奉给品茗者的玻璃杯中的茶汤还剩三分之一时，习茶者可提水壶去续水，一般可续两次，绿茶泡三次，内含物质浸出为总量的90%左右。

如何学习茶艺？可概括为十二个字：动手动脑，仔细观察，用心记忆。

第一步：动手记录。记录茶艺流程和每个动作的要领，观察细节。

第二步：动手画图。画备具图和布具图，这两个图记录了茶具在茶盘内和席面上的固定位置。

第三步：用心记忆和练习。先练习单个动作，再练习连贯动作。

第四步：必须关注茶汤质量，注意投茶量、水温及时间节奏的把握。

用心、脑和身体一起来记忆知识与技能，学习效果会更好。初学者往往喜欢用拍照和录像记录学习的过程，以为都记下来了，实际上没有用心和动脑，学习的效果自然不会好。比拍照、录像更重要的是认真听、仔细看，努力记住并多动手练习。

第二章

盖碗泡法修习

盖碗出现于清代康熙年间，流行于乾隆年间，以景德镇所产为佳。

盖碗又称『三才碗』『三才杯』，盖为天，托为地，碗为人，天、地、人合一，蕴含『天人合一』的中国传统思想，是有中国特色的饮茶器具。

盖碗可作泡茶器，也可直接作为饮用碗，质地以瓷、玻璃为主。

盖碗上配盖下配托，加盖后，茶汤温度不易降低，碗盖还能聚香，香气不易挥发，可以揭盖闻茶香；

盖碗碗身开口大，便于观察茶汤色泽；茶托隔热，不易烫手。

第一节
红茶盖碗泡法

　　红茶可以用盖碗泡、杯泡、壶泡等，器具质地以陶与瓷为主。该套茶艺以冲泡工夫红茶为例，选用内壁白色的红色盖碗、盅与品茗杯，器具外壁色泽与红茶汤色同为暖色调，协调一致。

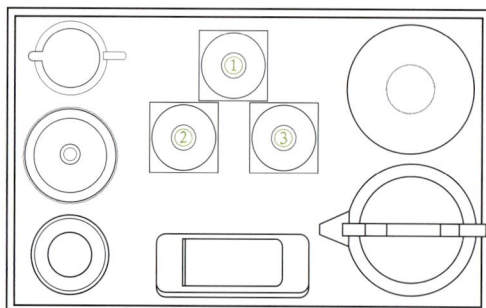

一、准备

备具　三个品茗杯倒扣在杯托上，形成"品"字形，放于茶盘中间，其余器具左右两边均匀分布。茶盘内右下角放水壶，右上角放水盂，茶荷叠于受污上放于茶盘中间内侧，茶盅、盖碗、茶叶罐依次放于左侧。各器具在茶盘中均为固定位置。

器具名称	数量	质地	容量或尺寸
盖碗	1	瓷质	高5.5厘米，直径10厘米，容量150毫升
茶盅	1	瓷质	直径6厘米，高7厘米，容量150毫升
品茗杯	3	瓷质	直径7厘米，高4厘米，容量70毫升
杯托	3	木质	直径8厘米
茶叶罐	1	竹制	直径5.5厘米，高7厘米
茶荷	1	竹制	长11厘米，宽5厘米
水壶	1	陶质	高12厘米，直径8厘米，容量500毫升
受污	1	棉质	长27厘米，宽27厘米
水盂	1	瓷质	直径12厘米，高8厘米，容量400毫升
茶盘	1	木质	长50厘米，宽30厘米，高3厘米

二、师匠的提示

修习型红茶盖碗泡法的关键点为选择合适的茶具，以及投茶量、冲泡时间与水温的控制。

1. 选择合适的器具

红茶汤色红，器具内壁以白色最能衬托红茶的汤色。陆羽《茶经·四之器》中，将邢瓷与越瓷作了比较，"若邢瓷类银，越瓷类玉，邢不如越一也；若邢瓷类雪，则越瓷类冰，邢不如越二也；邢瓷白而茶色丹，越瓷青而茶色绿，邢不如越三也……"越瓷青，"青则益茶"，邢瓷白，"茶色丹"，陆羽所描述的器具是针对当时生产的蒸青团饼绿茶而言。而对于红茶，则相反，邢瓷白色衬汤色，越瓷青色不衬汤色。所以，红茶的品茗杯一般选择内壁白色的瓷杯，或透明的玻璃小杯，其他色泽的品茗器均不如白色益于茶汤的颜色美。

盖碗以碗口直径为碗高的两倍、碗边宽者为佳。碗内壁为白色的瓷盖碗适合冲泡各类茶，白色内壁可衬出各色茶汤；碗外壁的色泽、图案可根据茶类、季节等来选择、搭配。玻璃盖碗透明，可欣赏茶汤色泽和芽叶形状，可用来冲泡外形秀美的绿茶、红茶和花茶等。

2. 投茶量、冲泡时间与水温灵活调控

红茶的原料有大叶种和中小叶种，大叶种如滇红，内含物质丰富，投茶量适当减少，冲泡时间缩短，茶水比为1:60~80，冲泡时间1分钟左右，水温95℃左右为宜。小叶种如祁门红茶，茶叶细嫩、紧结，投茶量可适当大些，冲泡的时间适当延长，以茶水比为1:40~60，冲泡时间2~3分钟，水温85℃左右为宜。

在行茶流程设计上，冲泡滇红时，温品茗杯可以在冲泡前完成，茶叶浸泡的时间适当缩短；冲泡祁红时，温品茗杯在冲泡后完成，茶叶浸泡的时间适当延长。

若是遇到因发酵过度带酸味的茶或因发酵不足带青气的茶，水温不宜太高，行茶中略启盖，浸泡时间不宜过长。

三、流程

上场→放盘→行鞠躬礼→入座→布具→行注目礼→取茶→赏茶→温碗→弃水→置茶→润茶→摇香→冲泡→温盅→温杯→弃水→沥汤→分汤→奉茶→收具→行鞠躬礼→退回

1. 上场

端盘上场，右脚开步，目光平视，身体为站姿、放松、舒适，上手臂自然下坠，腋下空松，小手臂与肘平，茶盘高度以舒服为宜，与身体有半拳的距离

2. 放盘

1

图1　走至茶桌前，直角转弯，右脚向右转90°，面对品茗者，身体为站姿，双手端盘，肩关节放松，双手臂自然下坠，双脚并拢，脚尖与凳子的前缘平，并紧靠凳子

2

3

4

图2、3　右蹲姿（参见第三章"蹲姿"），右脚在左脚前交叉，身体中正，重心下移，双手向左推出茶盘，放于桌面中间位置

图4　双手、右脚同时收回，成站姿

行鞠躬礼，双手松开，紧贴着身体，滑到大腿根部，双手臂成弧形，头背成一条直线，以腰为中心身体前倾15°，停顿3秒钟，身体带着手起身成站姿

4.入座

入座（参见第三章"入座、坐姿与起身"）

5.布具

1

2

3

图1　从右至左布置茶具　　　图2、3　移水壶。先捧水壶，右手握提梁，左手虚护水壶，意为双手捧壶表恭敬，提起后沿弧线放于右侧茶盘旁

图4~6　移水盂。双手捧水盂，沿弧线移至水壶后稍靠近茶盘，与水壶成一条斜线

图7、8　移茶荷。双手手心朝下，虎口成弧形，手心为空，握茶荷，从中间移至左侧，放于茶盘后

图9、10　移受污。双手手心朝上，虎口成弧形，手心为空，托茶巾，从中间移至右侧，放于茶盘后

图11~13　移茶罐。双手捧茶叶罐，沿弧线移至茶盘左侧前端，左手向前推，右手为虚

图14、15 移盖碗。双手端起盖碗碗托，移至茶盘右下角

图16、17 移茶盅。双手捧茶盅移至茶盘左下角，与盖碗、品茗杯在茶盘中形成一个大的"品"字形

图18~25 翻杯，次序为1号杯、2号杯、3号杯（参见第三章"翻杯"）

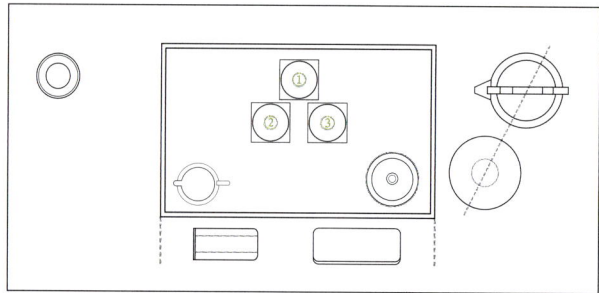

▶布具完毕，茶具位置示意图

图26　布具完成。茶盘右侧，水盂与水壶成斜线，左侧若有两个器具也要放成斜线，以便能看到器具和动作。茶荷与受污放于茶盘后，以不超过茶盘长度为界

6. 行注目礼

正面对着品茗者，坐正，面带微笑，用目光与品茗者交流，意为"我准备好了，将为您泡一杯香茗，请耐心等待。"（参见第三章"习茶礼"）

7. 取茶

图1　捧取茶罐

图2~4　开盖（参见第三章"开、合茶叶罐盖"）

图5~7 取茶，茶叶罐从左手换至右手，左手拿起茶荷

图8 取茶毕

8. 赏茶

图1~5 赏茶，双手托茶荷，手臂成放松的弧形，腰带着身体从右转至左（参见第三章"赏茶"）

图6~8　茶罐合上盖子

图9　合盖

图10　放回原处

9. 温碗

图1~3　右手揭开碗盖，从里往右侧，沿弧线，插于碗托与碗身之间

图4~9 提壶注水至三分之一碗，将壶放回原处

图10~14 加盖

17

18

19

20

21

22

23

图15~23　双手转动手腕，温盖碗（参见第三章〝温具〞）

24

图24　温碗毕，左手托碗，右手持碗盖，碗左边留一条缝隙

10. 弃水

1

2

3

图1~3　弃水

图4　碗底在受污上压一下，以吸干碗底的水

图5　碗放于原位

11. 置茶

图1、2　揭开碗盖

图3、4　碗盖插于托与碗身之间

图5~9　置茶（参见第三章″取茶、置茶″）

9

图10　左手置茶时，右手半握拳搁在茶桌上，与肩同宽

10

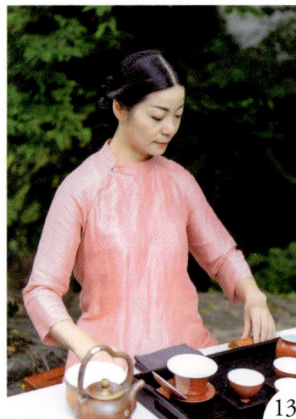

图11~13　茶荷放于原位

11　12　13

12. 润茶

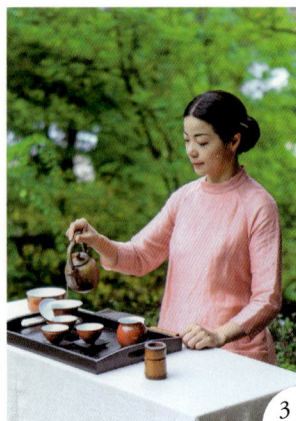

图1~3　右手提水壶，转动手腕逆时针注水至四分之一碗

1　2　3

图4~6　水壶沿弧线放回原处

4

5

6

图7~9　加盖

7

8

9

13. 摇香

1

2

图1、2　捧起盖碗

3

4

5

6

图3~8 摇香（参见第三章"摇香"），慢速逆时针旋转一圈，快速旋转两圈，盖碗放回原位

14. 冲泡

图1、2 开盖

1

2

3

4

5

6

图3~7 定点冲泡至七分满

图8 接着，往茶盅里注水至六分满

7

8

图9~12　水壶放回

图13~15　加盖

15. 温盅

图1~6　温盅（参见第三章
"温盅"）

图7~9　温盅的水依次注入
1号杯、2号杯、3号杯

图10、11　茶盅在受污上压一下，吸干盅底的水放回原处

16. 温杯

图1~8　温1号杯（参见第三章"温具"）

17. 弃水

图1 弃水

图2 杯底在受污上压一下，以吸干水渍

图3 将1号杯放回原处

图4 温2号杯并弃水

图5 温3号杯并弃水。温杯的速度视投茶量、水温而定，水温高、茶量多速度宜快，反之，速度宜慢，要灵活掌握

18. 沥汤

图1 右手移碗盖，盖碗左边留出一条缝隙

图2~4　沥茶汤

图5　盖碗口垂直于茶盅口平面

图6　盖碗放回原位

19. 分汤

图1、2　端茶盅，压一下受污，吸干水渍

图3~5　依次低斟茶汤至1、2、3号品茗杯，至七分满

图6、7　茶盅压一下受污，放回原位

20. 奉茶

图1~3　将盖碗放于茶盘左侧茶罐后，略靠近茶盘

图4~6　捧茶盅放于茶盘左侧盖碗后，与茶罐、盖碗成斜线

图7~9　双手虎口成弧形握杯托，先往里移动，再往两边移，2号杯移至茶盘左下角，3号杯移至茶盘右下角，三个品茗杯形成"品"字形

图10、11　先端盘　　　　　　　　　　　图12、13　再起身（参见第三章"入座、坐姿与起身"）

图14　转身右脚开步，向品茗者奉茶

图15　端盘至品茗者前（参见第三章"奉茶"）　　图16　端盘行奉前礼　　图17　品茗者回礼

图18　换成左手托盘

图19　右蹲姿（参见第三章"蹲姿"）

图20　右手端杯及托，至品茗者伸手可及处

图20　右手端杯及托，至品茗者伸手可及处

图21　行奉中礼

图22　品茗者回礼

图23　起身

图24　左脚往后退一步，右脚并上，行奉后礼，品茗者回礼

图25、26　转身移动盘内的品茗杯，至均匀分布，移步到另一位品茗者正对面，再奉茶

图1、2　右手往后滑至茶盘右下角，双手放下茶盘，入座

图3　从左至右收具，器具返回的轨迹为"原路"，最后移出的器具最先收回，并放回至茶盘原来的位置上

图4、5　收茶盅。双手捧茶盅至胸前，放于原位

图6~8　收盖碗。双手捧盖碗，至胸前，放于原位

图9~11　收茶罐。双手捧茶罐，至胸前，放于原位

图12、13 收受污　　　　　　　图14、15 收茶荷，叠于受污上

图16~18 收水盂，放于原位

图19~21 收水壶，右手提水壶，左手为虚，放于原位　　　图22 端茶盘

起身，左脚后退一步，右
脚并上，行鞠躬礼

23. 退回

图1　直角转身，退回

图2　收回的器具，放于茶盘上原来
的位置，那是它们的"家"

四、收尾

品茗杯收回，所有器具与用具都清洗干净，整理好。若有后续的习茶者，交于同习
者；若本次习茶完成，器具放于柜子内固定的位置，以便下次再用。

收尾工作结束，才是一次习茶结束！

五、师匠的叮嘱

书中所述的茶艺演示，属修习型茶艺，演示时一般冲泡一次。演示结束时，该茶叶
可溶性成分还没有完全浸出，所以，可以继续冲泡分享，不能浪费。第二泡时间可以缩
短，第三泡起适当延长，红茶一般可泡3~5次，直至将能溶解于水的成分绝大部分
浸出。

第二节
花茶盖碗泡法

花茶属再加工茶，有茶的身骨，又有花的馨香，是茶与花完美结合的产物，诗一样美的茶。花茶可以用盖碗泡、杯泡、壶泡等，器具质地以玻璃、瓷为主。

花茶冲泡时，须随时加盖，以免香气失散。碗盖有聚香的作用，可以用来闻香。原料细嫩的花茶可选用玻璃盖碗，玻璃盖碗透明，可欣赏茶叶的姿态。

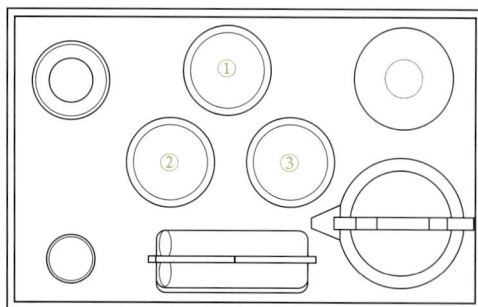

一、准备

备具 碗盖翻扣的三个玻璃盖碗成一个"品"字形，放于茶盘中间，茶匙搁于茶匙架上，叠在受污上，放于中间内侧，右下角放水壶，右上角放水盂，左下角放茶花，左上角放茶叶罐。

器具名称	数量	质地	容量或尺寸	备注
玻璃盖碗	3	玻璃	直径10厘米，高6厘米，容量200毫升	
茶叶罐	1	玻璃	直径7.5厘米，高14厘米	
水壶	1	玻璃	直径15厘米，高16厘米，容量1400毫升	
茶匙	1	竹制	长20厘米	
茶匙架	1	竹制	长2厘米，高1厘米	
受污	1	棉质	长27厘米，宽27厘米	
水盂	1	玻璃	直径14厘米，高6厘米，容量600毫升	
花器	1	瓷质	高10厘米	
茶盘	1	木质	长50厘米，宽30厘米，高3厘米	

二、师匠的提示

修习型茶艺泡好花茶的关键点为泡茶水温、茶水比和时间调控，以及如何聚香、体现茶香。

1. 泡茶水温、茶水比参照茶坯，但冲泡时间略短

冲泡花茶的水温、茶水比可参照茶坯的种类而定，如该款花茶以绿茶为茶坯窨制而成，那么，水温、茶水比与该款绿茶相同；如该款花茶以红茶为茶坯原料，则水温、茶水比与该款红茶相同。

不同的是，花茶冲泡的时间略短。

2. 随时加盖

冲泡花茶宜用带盖的杯或碗，在冲泡过程中须随时加盖，以防香气失散。

3. 增加闻香环节

品味花茶重在闻花香，因此演示过程中增加闻香的环节。

三、流程

上场→放盘→行鞠躬礼→入座→布具→行注目礼→温碗→弃水→开盖
→置茶→润茶→摇香→冲泡→奉茶→示饮→收具→行鞠躬礼→退回

图1　身体为站姿，两脚并拢，双手端盘，肩关节放松，双手臂自然下坠，茶盘高度以舒服为宜，右脚开步

图2　直角转弯，面向品茗者，双脚并拢，右脚上前一小步，左脚跟上并拢，脚尖与凳子的前缘平，身体紧靠凳子

2. 放盘

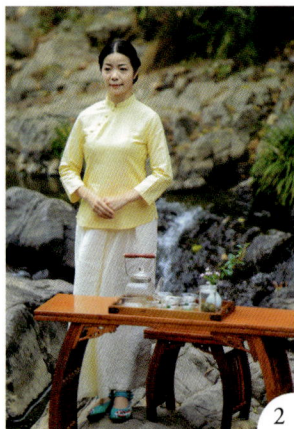

图1　右蹲姿（参见第三章"蹲姿"），右脚在左脚前交叉，重心下移，身体中正，双手向左推出茶盘，放于桌面

图2　双手、右脚同时收回，成站姿（参见第三章"站姿"）

3. 行鞠躬礼

行鞠躬礼（参见第三章"习茶礼"），双手贴着身体，滑到大腿根部，头背成一条直线，以腰为中心身体前倾15°，停顿3秒钟，身体带着手起身成站姿

4. 入座

入座（参见第三章"入座、坐姿与起身"）

图1~3　从右至左布置茶具。移水壶。右手握提梁，左手虚护水壶，意为双手捧壶表恭敬，沿弧线放于茶盘右侧

图4~6　移水盂。双手捧水盂，沿弧线移至水壶后，与水壶成一条斜线

图7、8　移茶匙及架。双手手心朝下，虎口成弧形，手心为空，右手握茶匙，左手握茶匙架，从中间移至右侧，放于茶盘后

图9、10　移受污。双手手心朝上，虎口成弧形，手心为空，托受污，从中间移至左侧，放于茶盘后

图11~13　移茶花。双手捧茶花，沿弧线移至茶盘左侧前端，左手向前推，右手为虚

图14~16　移茶罐。双手捧茶罐，沿弧线移至茶盘左侧茶花后，靠近茶盘中部，与茶花成一条斜线

图17、18　移2号盖碗。双手捧2号盖碗移至茶盘左下角

图19、20　移3号盖碗。双手捧3号盖碗移至茶盘右下角，三个盖碗在茶盘内成"品"字形

图21　布具完成

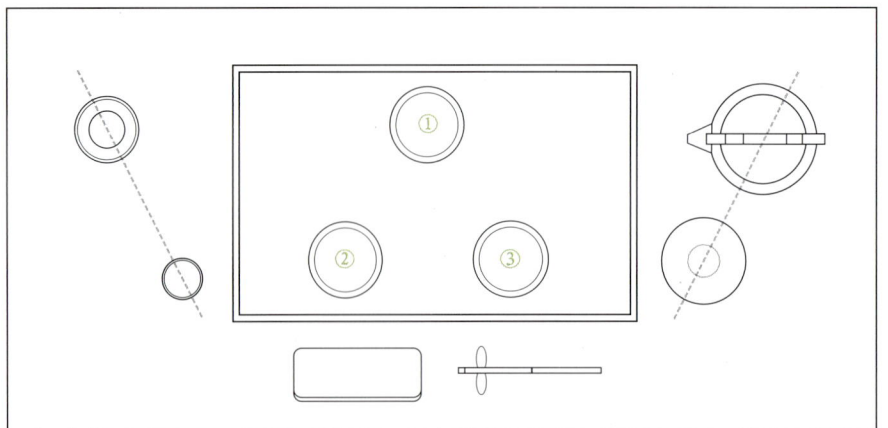

▲布具完毕，茶具位置示意图

6. 行注目礼

行注目礼，意为"我准备好了，将用心为您泡一杯香茗，请耐心等待。"

7. 温碗

图1~3　右手提水壶，至胸前调整方向，壶的移动轨迹成弧线

图4~6　依次向1号、2号、3号盖碗的碗盖内逆时针注水，至满盖

图7~9　放回水壶

图10、11　右手取茶匙

图12、13　茶匙尖部对着1号盖碗碗盖内侧6点至9点位置处，左手虚护

图14　用茶匙尖部平压碗盖内侧6点至9点位置处，1号碗翻盖，让碗盖里的水流入盖碗中，碗盖合好

图15~18　2号碗翻盖

图19　移向3号盖碗

图20　3号碗翻盖

图21　茶匙尖在受污中压一下，以吸
干茶匙尖的水渍

图22　平移茶匙至茶匙架上方

图23、24　茶匙水平旋转180°，搁于匙架上

图25~32　温1号盖碗（参见第三章"温具"）

图33、34　再依次温2号盖碗、3号盖碗

8. 弃水

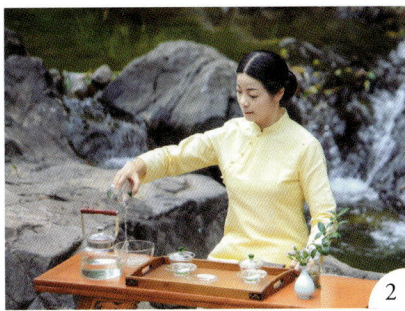

图1、2　温完1号碗，弃水。再依次温2号碗，弃水，温3号碗，弃水

9. 开盖

图1~6　右手持盖，揭盖，依次将碗盖搁于碗托边，成"品"字形

图1~5　捧取茶叶罐，开盖（参见第三章〝取茶、置茶〞）

图6~11　向1号、2号、3号盖碗中依次拨茶

图12~14 调整茶匙方向，搁于茶匙架上

12 13 14

图15、16 加盖

15 16

图17、18 将茶罐放回原处

17 18

11. 润茶

图1~3 右手提水壶

1 2 3

图4、5　左手持盖与碗面成135°角，向1号盖碗逆时针注水至四分之一碗，加盖

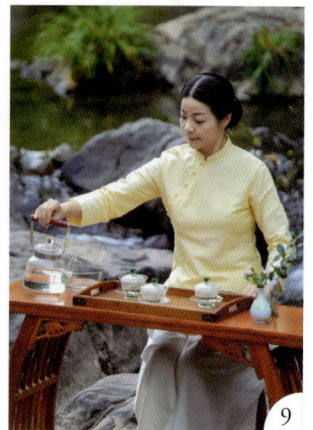

图6、7　依次向2号碗、3号碗中注水、加盖　　　图8、9　放回水壶

12. 摇香

图1、2　双手捧1号盖碗

图3~6　1号盖碗摇香（参见第三章"摇香"）

图7　放回　　　　　图8　2号盖碗摇香

图9　3号盖碗摇香

图1~3　冲泡。左手持盖，右手提水壶，向1号碗以定点冲泡法注水，至八分满，盖上碗盖

图4、5　向2号，3号碗依次注水，左手持盖，右手提水壶，以定点冲泡法注水至八分满，盖上碗盖

图6、7　双手端出2号碗放于茶盘左侧茶叶罐后，与茶叶罐、茶花成一条斜线

图8、9　移动1号盖碗

图10　再移动3号盖碗，使两盖碗在盘中摆放均衡

14. 奉茶

图1~4　先端茶盘

图5　再起身，右脚向右一步，左脚并拢，左脚后退一步，右脚并上（参见第三章"入座、坐姿与起身"）

图6　端盘到品茗者前（参见第三章"奉茶"）　图7　行奉前礼　图8　品茗者回礼

图9　左手托茶盘

图10　蹲姿，重心下移

图11　右手端盖碗

图12　送至品茗者伸手可及处

图13　伸出右手行奉中礼

图14　品茗者回礼

图15　起身后退一步

图16　行奉后礼，品茗者回礼

图17　转身，离开品茗者的视线，把盖碗移至盘中间，奉茶给下一位品茗者

图18　收盘至身侧（参见第三章"端盘、收盘"）

图19、20　右蹲姿，放下茶盘

图1~3　入座，端起盖碗，向右边、左边示意，目光注视品茗者，意为："我们来用心品饮这碗茶吧。"

图4　左手持托，食指与中指成"剪刀"状，托住碗托，大拇指压住托边，借掌的力量，托起盖碗

图5~7　右手持盖，在鼻前左右移动三次闻香，头不动

图8　右手盖回碗盖，碗盖稍向右倾斜，左侧盖与碗壁间留出一条小缝隙

图9~11　右手固定碗与盖，转动手腕向里转动盖碗，小缝隙转到嘴正前

图12　小口品饮。品饮时，以对方正面看不到习茶者的嘴为原则

图13、14　品饮后，将盖碗放至盘内中间

16. 收具

图1~3　从左至右收具，器具返回的轨迹为"原路"，先收最后移出的茶罐，双手捧至胸前，放于原位

图4~6　收茶花。双手捧至胸前

图7　放回原位

图8、9　收受污。双手托受污，动作同放置，收回

图10、11　收茶匙与匙架，叠于受污上

图12~14　收水盂，放于原位

图15~17 收水壶，放于原位

图18 收具毕

图19~21 端盘

图22 起身

17. 行鞠躬礼

右脚向右一步，左脚并拢，左脚后退一步，右脚并上，行鞠躬礼（参见第三章"习茶礼"）

18. 退回

端盘转身退回

四、收尾

收尾工作同上一节，有始有终，养成习惯。

五、师匠的叮嘱

花茶一般可以泡三次，习茶者可提水壶为品茗者续水两次。

在教授一套茶艺时，我一般会分几步：

第一步，演示讲解分解动作，说明为什么要这么做，强调动作要领。

第二步，演示整套茶艺。

第三步，带着学员们一个动作一个动作一起练习。对外国茶友，由于语言、文化等不同，接受能力不同，一般把整套茶艺拆分成两段或三段教学。近二十年的教学实践结果显示，这样的教学方法，大部分学员能在短时间内掌握核心内容。

第四步，纠错。看学员练习，边看边纠错。

教，由老师来完成；学，必须由学员亲自动手练习、体验才能完成。初学者，往往希望老师多演示，自己动手怕出错。其实"出错"是初学者必走的一步，必须多练习，在练习的过程中不断纠错，逐渐掌握正确的方法，慢慢熟练，日积月累，直至练习到身体记住这些动作。

这里说的练习不是指无意识地练习，而是反复的精准练习，让身体自然而然产生韵律感和记忆，身体产生了记忆，动作就会接二连三地顺势做下去。

第三章
小壶泡法修习

小壶是常用的泡茶器具。

按材质来分有陶、瓷、玻璃、金属、玉石等，

按壶的把柄形制来分有提梁壶、直把壶、侧把壶、无把壶等。

小壶为深腹敛口的容器，保温性能好，加盖后聚香，茶叶香气不易挥发失散，汤中含香比碗、杯泡茶要高。

常用的陶壶有宜兴紫砂陶、广西钦州坭兴陶、云南建水紫陶等。

陶质茶壶形态质朴，透气而不夺香，适合冲泡各种茶。

瓷壶、银壶、锡壶等传热快，茶香清扬。

第一节
乌龙茶小壶
双杯泡法

乌龙茶大多用小壶泡或盖碗泡。小壶双杯是指一把小壶、几组品茗杯和闻香杯。小壶质地可以是陶、瓷、金属等，选用收口、深腹的壶以聚香；品茗杯以内壁白色为佳，便于观汤色；闻香杯为圆柱状、稍高、收口，用来闻香。

该套紫砂器具与流程适合颗粒状乌龙茶的冲泡，如台湾的冻顶乌龙，安溪铁观音等。

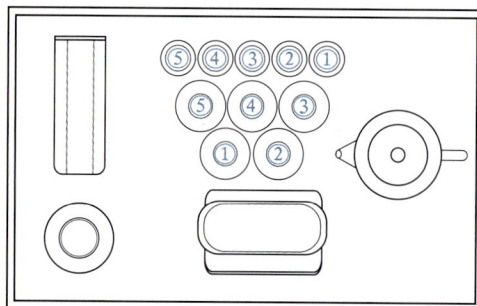

一、准备

事前生好炭炉，或电炉打开煮水开关，或酒精炉点火，放于右边备茶台上或放于右边桌面上，水壶先放于炉上煮水，奉茶盘放在左侧桌面上。称铁观音5克，放入茶罐，备用。

备具 五个品茗杯与五个闻香杯倒扣，分三排，摆成倒三角形放于茶盘中间前部，杯托倒扣，叠放于受污上，放在茶盘中间内侧，茶荷扣在左上角，茶罐放于左下角，茶壶放于右侧中间。

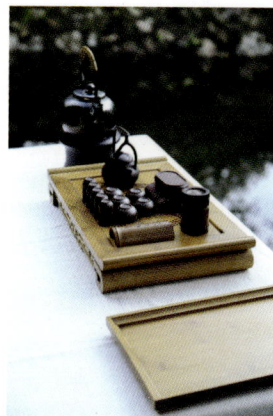

器具名称	数量	质地	容量或尺寸
紫砂壶	1	陶质	直径8厘米，高8厘米，容量160毫升
闻香杯	5	陶质	20毫升
品茗杯	5	陶质	25毫升
杯托	5	陶质	长10.5厘米，宽5.5厘米，厚0.8厘米
双层茶盘	1	竹制	长45厘米，宽28厘米，高7厘米
茶叶罐	1	竹制	直径7.5厘米，高10厘米
茶荷	1	竹制	长11厘米，宽5厘米
水壶	1	银质	直径14厘米，高12厘米，1200毫升
煮水器（炉）	1	／	直径15.5厘米，高10厘米
受污	1	棉质	长27厘米，宽27厘米
奉茶盘	1	木质	长28厘米，宽9厘米，高3厘米

二、师匠的提示

修习型乌龙茶小壶双杯泡法的关键点为水温、投茶量和冲泡时间的控制。

1. 水温

颗粒状乌龙茶以刚煮开的开水冲泡，高温冲泡有利于茶香的挥发和茶叶内含物质的浸出。

2. 投茶量

160毫升的小壶，投茶量5克左右。用茶荷取茶法，可以事先称好5克茶，放入茶罐。

3. 冲泡时间

颗粒状的乌龙茶外形卷曲、紧实，吸水后茶叶才舒展，茶叶内含物质溶出所需的时间会比外形松散的茶略长，所以，第一泡从茶与水相遇时计时，30~45秒出汤，第二泡时间缩短至15~30秒，第三泡开始适当延长，需30~45秒。

如上所述，投茶量与水温成为两个不变的要素，只有一个"时间"是可变的要素，那么要调控茶汤的浓度就变得容易多了。

另外，若是发酵偏轻、有青气的颗粒状乌龙茶，第一泡出汤后，宜启盖留缝，以散发青气。

三、流程

上场→放盘→行鞠躬礼→入座→布具→行注目礼→取茶→赏茶→温壶→置茶→冲泡→淋壶→温杯→分汤→奉茶→示饮→收具→行鞠躬礼→退回

1. 上场

图1、2　身体为站姿，两脚并拢，双手端盘，肩关节放松，双手臂自然下坠，茶盘高度以舒服为宜，手小臂与肘平，表情安详，右脚开步

图3　走至桌子旁，向左转90°，面向品茗者，双脚并拢，右脚上前一小步，左脚跟上并拢，脚尖与凳子的前缘平，身体紧靠凳子

2. 放盘

图1　左蹲姿（参见第三章"蹲姿"），左脚在右脚前交叉，重心下移，身体中正。双手向右推出茶盘，放于桌面上

图2　双手、左脚同时收回，成站姿

3. 行鞠躬礼

行鞠躬礼（参见第三章"习茶礼"），双手贴着身体，滑到大腿根部，头背成一条直线，以腰为中心身体前倾15°，停顿3秒钟，身体带着手起身成站姿

4. 入座

图1、2　入座（参见第三章〝入座、坐姿与起身〞）

5. 布具

图1　从右至左布置茶具。移茶壶。双手提起茶壶，向里移动，放于茶盘右下角

图2　翻杯托。双手手心朝下，虎口成弧形，手心为空，双手四指压杯托外边，大拇指伸入杯托下面

图3　往上翻

图4　将杯托移至茶盘后右侧

图5　移受污。双手手心朝上，虎口成弧形，手心为空，托受污

图6　将受污放于茶盘后左边

7

8

图7、8 移茶罐。双手捧茶叶罐，走从里向外的弧线，移至茶盘左侧前端，稍靠外，左手向前推，右手为虚

9

10

图9、10 移茶荷。左手手心朝下，虎口成弧形，手心为空，握茶荷，移至左侧，放于茶罐后，稍靠近茶盘，与茶罐成一条斜线

11

12

13

图11~13 翻1号品茗杯

14

图14 放于茶盘左1号位（位置见右示意图）

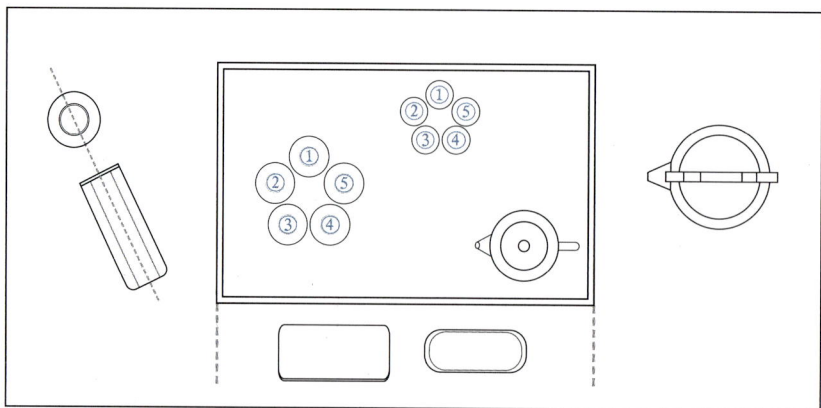

▲布具完毕，茶具位置示意图

图15、16　翻2号杯，放于2号位　　　　　图17、18　翻3号杯，放于3号位

图19、20　翻4号杯，放于4号位　　　　　图21、22　翻5号杯，放于5号位，五个品茗杯似五片花瓣，形成一朵"花"

图23~25　翻1号闻香杯，放于原位

图26~28　翻2号闻香杯，放于2号位（位置见前示意图）

图29、30　翻3号闻香杯，放于3号位

图31、32　翻4号闻香杯，放于4号位

图33、34　翻5号闻香杯，放于5号位，五个闻香杯似五个花瓣，形成又一朵"花"

图35、36　布具完成，双手半握拳搁于桌面上

6. 行注目礼

目光与品茗者交流，意为："我准备好了，将为您泡一杯可口的茶汤，请您耐心等待。"（参见第三章"习茶礼"）

1　　2　图1、2　将茶罐捧于胸前　　3

4　　5　　6　　7

图3~7　开盖（参见第三章"开、合茶叶罐盖"）

8　图8　换右手握茶罐　　9　图9　左手握茶荷

10　　11　　12

图9~14　左手握茶荷，右手转动茶罐，取茶

图15~17　取茶毕，放回茶罐

8. 赏茶

图1~4　以腰带动上身，从右向左赏茶（参见第三章"赏茶"）

图5　放下茶荷

图6、7　右手握茶罐，换左手

8   9   10   11

图8~11   右手取茶罐盖，合盖

12   13

图12、13   茶罐放回原处

9. 温壶

1   2   3

图1~3   打开茶壶盖，壶盖走从里往外的弧线

4   5

图4、5   壶盖放在闻香杯上，将闻香杯作盖置用

6

7

8

9

10

图6~10　提水壶，走从外至里的弧线，移动至茶壶上，注水至满

11

12

图11、12　水壶放回

13

14

15

16

图13~15　加盖

图16　提起茶壶

图17~21 温壶的水依次分入1、2、3、4、5号闻香杯，水量约二分之一杯

图22~26 继续将水依次分入1、2、3、4、5号品茗杯，水量约二分之一杯

图27 多余的水弃掉

图28 茶壶放回

图1~3　打开茶壶盖，搁于闻香杯上

图4~8　右手取茶荷，交至左手

图9　置茶（参见第三章"取茶、置茶"）

图10~12　茶荷放于原位

图1~6 提壶高冲，至水将溢出壶面，以利去除茶沫

图7、8 水壶放回

图9~12 盖上壶盖

12. 淋壶

图1、2 先端起靠近身体的两个闻香杯，两手一前一后淋于壶身上

图3~6 再端起中间两个闻香杯，淋壶后放回原位

图7 端起1号闻香杯

图8 淋壶

图9、10　淋壶后放回

13. 温杯

图1、2　端起靠近身体的两只品茗杯，放入1号杯中

图3　大拇指向外拨动，转动品茗杯
　　温烫（参见第三章"温具"）

图4　弃水

图5　品茗杯放回原位　　　　图6~9　端中间两品茗杯放入1号品茗杯中温烫、取出、沥净水，放回

图10~13　1号品茗杯弃水、复原位。注意：淋壶、温杯的速度均较快，时间不超过45秒

14. 分汤

图1　提茶壶将茶汤注入闻香杯，分三巡分汤

图2~6 第一巡分汤，依次向1、2、3、4、5号品茗杯注入约三分之一杯茶

6

7

8

9

图7~9 第二巡分汤，依次低斟至七分满杯，第三巡则把最后几点茶水依次滴入每杯，以使每一杯茶汤的浓度基本一致

10

图10 茶壶放回原位

11

12

13

图11~13 右手虎口张开，四指并拢握茶托，交至左手

图14 取5号品茗杯　　图15 在受污上压一下，吸干杯底的水　　图16 放于茶托上左侧

图20 在受污上压一下，吸干杯底的水　　图17~21 再取5号闻香杯放于杯托上右侧

图22~26　换左手握杯托，将杯托同茶杯放于奉茶盘左前侧。虎口成弧形，手指不碰到杯口，并须保持身体中正

26

27

28

29

图27~29　取4号品茗杯与闻香杯，放于奉茶盘右前侧

30

31

32

图30~32　取3号品茗杯与闻香杯，放于奉茶盘左后侧

33

34

35

图33~35　取2号品茗杯与闻香杯，放于奉茶盘右后侧

36

37

38

39

40

41

42

43

图36~42　取1号闻香杯，放于茶托上左边，再取1号品茗杯放于茶托上右边，放于茶盘上。这杯是留给习茶者示饮用的，闻香杯与品茗杯位置与品茗者的相反。

一般人习惯右手取品茗杯，送给品茗者的品茗杯与闻香杯的位置正好方便品茗者右手取用

图43　茶泡好了

15. 奉茶

1

图1　起身左脚向左边开步，右脚并上

图2~4　左脚后退一步，成右蹲姿（参见第三章"蹲姿"）。右手在前，左手在后，端起茶盘

图5、6　起身，转身（参见第三章"奉茶"）

图7　端盘至品茗者前

图8　行奉前礼

图9　品茗者回礼

图10　左手托茶盘

图11、12　右蹲姿，端杯托，送至品茗者伸手可及处

图13 伸出右手，行奉中礼，品茗者回礼

图14、15 起身，后退一步，行奉后礼，品茗者回礼

图16~18 转身离开品茗者的视线，移动盘内杯子，至均匀分布

图19 向另一位品茗者奉茶

1　　　　　　　　　　2　　图1、2　双手端起杯托及茶杯

图3~5　向右边、左边示意，我们可以品茶了，放下

3　　　　　　　　　　4　　　　　　　　　　5

6　　图6　右手取品茗杯

7　　图7　将品茗杯扣在闻香杯上

图8、9　手心朝上，拇指、食指、中指固定住两杯

图10~12　在垂直平面高处，手腕转动，从手心朝上，快速翻转至手心朝下

图13、14　右手持品茗杯，左手护杯，将品茗杯放在杯托原位

图15　左手护品茗杯，右手握闻香杯

图16、17 右手向里轻轻转动闻香杯，往上提

图18、19 右手握杯，左手护住，由近及远，三次闻香

图20~23 放下闻香杯，端起品茗杯，先观汤色，再小口品饮，分三口喝完

图24、25 将品茗杯放回杯托上，杯与托移至茶盘前方

图1、2 从左至右收具，器具返回的轨迹为"原路"，最后移出的器具，最先收回，并放回至茶盘原来的位置上。先收茶荷

图3~5 收茶罐。双手捧茶罐，至胸前，放于原位

图6、7 收受污

图8、9 双手护茶壶移回原位

10

11

12

13

图10~13　端盘，起身（参见第三章"入座、坐姿与起身"）

18. 行鞠躬礼

后退一步，行鞠躬礼

19. 退回

转身退回

若是气温比较低的深秋、冬天或初春，茶汤温度容易下降，汤温低于体温时，口感偏凉，所以，奉茶前，可以先把闻香杯扣在品茗杯上，以防汤温太低。具体操作如下：

图1、2　杯托放于茶盘上

图3~6　取闻香杯，在受污上压一下，放于杯托上左侧

图7~10　再取品茗杯，在受污上压一下，倒扣于闻香杯上

图11~14　手心朝上，向上提到一定的高度，翻转，放在茶托左侧

图15~17　双手端杯与托，换左手，放于茶盘上

图18~33　其余同样操作。待饮用前再轻轻转动提起闻香杯

四、收尾

收尾工作同上一节。善始善终，养成习惯。

五、师匠的叮嘱

乌龙茶的冲泡次数以茶的内含物质的丰厚程度及茶量的多少而定，一般可泡七次以上。演示时只泡了一次，大量的可溶性内含物质还没有浸出，所以，还可以继续冲泡，用茶盅盛汤再次分汤给品茗者。从泡第二道起，水温与茶量已是定数，只要控制时间即可。

初学者不必气馁！一套茶艺是由分解动作连贯而成，每一个动作有舒适性、美观性等要求，流程应符合科学性、逻辑性。动作是基础，流程应如行云流水般流畅，好茶汤才是终极目标。动作、流程、茶汤三者相互之间密切关联，三者同样重要。初学者往往记着这个动作，忘了下一个动作，记着流程又忘记了茶汤浓度的控制。其实，这些是每一个初学者都会经历的过程！

习茶是由身知到心知，再由心知到身知的过程。每一次练习，内心有所感知，"有体贴别人的心了""内心更静了"，这就是进步！

第二节
乌龙茶小壶
单杯泡法

乌龙茶的单杯泡法与双杯泡法的主要区别：一、双杯泡法用闻香杯闻香，单杯泡法不用闻香杯；二、双杯泡法淋壶，单杯泡法不淋壶。其实两者茶汤品质没有本质上的差别，只是茶器、泡法不同而已。

乌龙茶小壶单杯泡法适合冲泡各种乌龙茶。该套茶艺以小壶冲泡武夷岩茶为例，武夷岩茶为条索状的乌龙茶，选用宽口、深腹的紫砂壶冲泡。

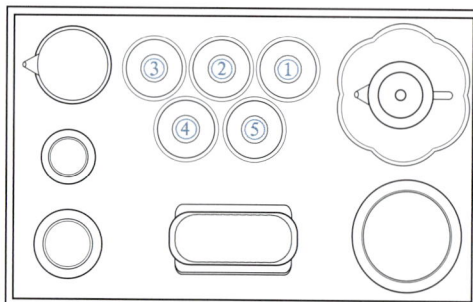

一、准备

事前生好炭炉，或电炉打开煮水开关，或酒精炉点火，放于右边备茶台上或放于右边桌面上，水壶先放于炉上煮水。称大红袍5克，放入茶罐，备用。

五个品茗杯倒扣于杯托上，放于茶盘中间，茶荷叠于受污上放于茶盘内侧，茶盅、茶叶罐、茶花依次放于茶盘左内侧，水盂放于右下角，壶承托茶壶放于右上角。

器具名称	数量	质地	容量或尺寸
紫砂壶	1	陶质	容量160毫升，壶口5厘米
壶承	1	瓷质	直径15厘米，高3.5厘米
茶盅	1	陶质	直径8厘米，高10厘米，容量250毫升
品茗杯	5	陶质	40毫升
杯托	5	木质	直径8厘米
茶叶罐	1	竹制	直径7.5厘米，高10厘米
茶荷	1	竹制	长11厘米，宽5厘米
水壶	1	陶质	直径14厘米，高12厘米，容量1200毫升
煮水器	1	陶质	直径15.5厘米，高10厘米
水盂	1	陶质	直径12厘米，高10厘米，容量650毫升
受污	1	棉质	长27厘米，宽27厘米
花器	1	竹制	直径5厘米，高16.5厘米
茶盘	1	木质	长50厘米，宽30厘米，高3厘米

二、师匠的提示

修习型乌龙茶小壶单杯泡法的关键点为水温、茶水比和冲泡时间的控制。

1. 水温

冲泡乌龙茶使用刚煮开的沸水。

2. 茶水比

5克茶叶可以预先称好,放入茶罐备用,注水量为壶的八分满,约130毫升。冲泡乌龙茶的茶水比为1:20~30。

3. 冲泡时间

武夷岩茶条索松、经多次烘焙,茶叶内含物质较冻顶乌龙茶等卷曲紧结的乌龙茶浸出快,从茶与水相遇开始计时,第一泡15~30秒即可出汤,行茶过程中以温公道杯的速度来控制时间。

三、流程

上场→放盘→行鞠躬礼→入座→布具→行注目礼→取茶→赏茶→温壶→温杯→置茶→冲泡→温盅→沥汤→分汤→奉茶→收具→行鞠躬礼→退回

1. 上场

图1　身体为站姿，双手端盘，肩关节放松，双手臂自然下坠，小臂与肘平，茶盘高度以舒适为宜

图2　向左转90°，面向品茗者，双脚并拢，右脚朝前一小步，左脚跟上并拢，脚尖与凳子的前缘平，身体紧靠凳子

2. 放盘

图1　蹲姿，左脚在右脚前交叉，重心下移，身体中正，双手向右推出茶盘，放于桌面

图2　双手、左脚同时收回，成站姿，目光平视

3. 行鞠躬礼

行鞠躬礼（参见第三章"习茶礼"）。双手贴着身体，滑到大腿根部，头背成一条直线，以腰为中心身体前倾15°，停顿3秒钟，身体带着手起身成站姿

4. 入座

图1、2　入座（参见第三章"入座、坐姿与起身"）

图1~3 从右至左布置茶具。移水盂。双手捧水盂，沿弧线移至水壶后，稍靠近茶盘与水壶成一条斜线

图4 移茶荷。双手手心朝下，虎口成弧形，手心为空，握茶荷，从茶盘中间移至右侧，放于茶盘后

图5 移受污。双手心朝上，虎口成弧形，手心为空，托受污

图6 从中间移至左侧，放于茶盘后

图7~9 移茶花。双手捧茶花，移至茶盘外左侧前端

图10~12　移茶罐。双手捧茶叶罐，移至茶盘左侧茶花后，稍靠近茶盘，与茶花成斜线

图13、14　移茶盅。双手捧茶盅，移至茶盘左下角

图15、16　移壶承及壶。双手捧壶承移至茶盘右下角

图17~20　翻杯。从前排右侧起，翻1号杯，放在茶托上

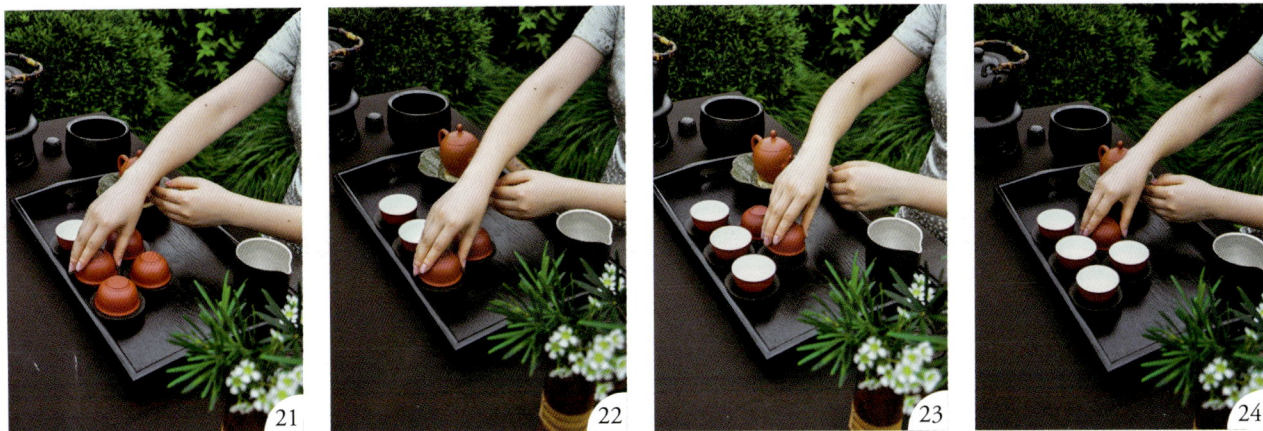

图21~24　依次翻2、3、4、5号杯，翻杯后放在茶托上

6. 行注目礼

正面对着品茗者，坐正，面带微笑，用目光与品茗者交流，意为："我准备好了，将为您泡一杯香茗，请耐心等待！"

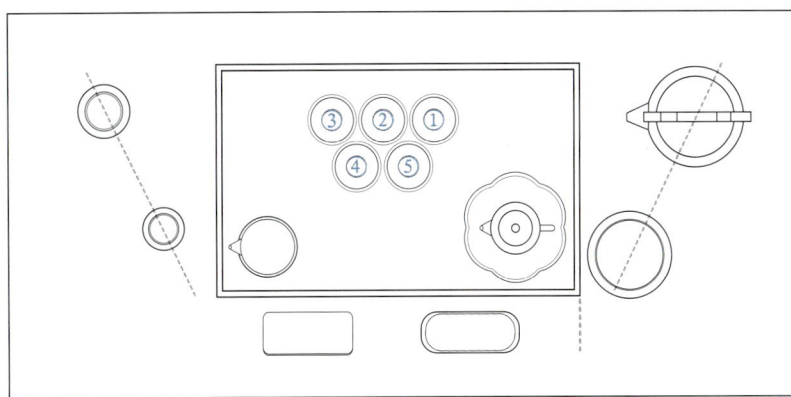

▲布具完毕，茶具位置示意图

7. 取茶

图1、2　取茶叶罐

图3　双手捧于胸前，松动茶罐盖

图4、5 开盖，右手放下盖子

图6、7 右手握茶荷，向上翻

图8 左手手腕转动，使茶罐在茶荷
上前后转动，茶叶倾出

图9 倾茶毕，放下茶叶罐

8. 赏茶

图1~4　赏茶（参见第三章"赏茶"）　图5　放下茶荷

图6~9　茶叶罐加盖放回原位

9. 温壶

图1~3　打开壶盖，搁于品茗杯上

图4~8　右手提水壶，先沿弧线收回至胸前，手腕转动调整壶嘴方向，逆时针注水入壶至八分满

图9、10　放回水壶

图11~13　加盖

图14、15　右手持壶，左手托壶底

图16~20　温壶（参见第三章"温具"）

图21~26　将水依次注入每一个品茗杯

图27、28　茶壶放回

10. 温杯

图1~7　温1号杯

图8、9　1号杯弃水

图10　杯底在受污上压一下，以吸干杯底的水渍

图11　将1号杯放回

图12~16　依次温2~5号杯

11. 置茶

图1~3　打开壶盖，搁于品茗杯上

图4~7　置茶

图8~10　放回茶荷

图1~6　右手提水壶，移至胸前，再调整方向，对准茶壶口，高冲至八分满

图7　接着，向茶盅注水至八分满

图8~10　放回水壶

图11~13　加盖

图1~9　温茶盅，时间不超过30秒为宜

图10、11　弃水

图12　茶盅底压一下受污，以吸干水渍

图13　茶盅放回

14. 沥汤

图1~5　沥汤

图6、7　放回茶壶

图8~10　茶盅在受污上压一下，以吸干盅底水渍

图1~3　从1号杯开始分汤

图4~7　依次分汤至2、3、4、5号品茗杯

16. 奉茶

图1　茶盅放于茶盘外左侧茶罐后　　图2、3　茶壶放于茶盘外左侧茶盅后

图4、5　双手握前排左右两杯，向两边移开至均匀摆放

图6~8　双手移动后排两杯，先往里，再往两边至均匀分布

图9~11　端盘，起身（参见第三章"入座、坐姿与起身"）

图12~15　左脚向左一步，右脚跟上并拢，左脚后退一步，右脚跟上并拢，左脚向左转90°，转身，右脚开步

图16　端盘至品茗者前（参见第三章
"奉茶"）

图17　行奉前礼

图18　品茗者回礼

图19~20　左手托茶盘，蹲姿，奉茶

图21　行奉中礼

图22　起身，后退一步

图23　行奉后礼

图24　品茗者回礼

图25　转身

图26~29　离开品茗者的视线，移动盘内的杯子至均匀分布

图30　向下一位品茗者奉茶

17. 收具

图1~4　收盘（参见第三章"端盘、收盘"）

图5　蹲姿，放下茶盘

图6、7　入座

图8　从左至右收具，器具返回的轨迹为"原路"，最后移出的器具最先收回，并放回至茶盘原来的位置上。先收茶壶

图9　收茶壶

图10~12　收茶盅

图13~15　收茶叶罐

图13~16　移至茶盘原位

图17~19　收茶花

图20、21　收受污

图22~24　收茶荷

图25~27　收水盂

图28~30　先端盘，再起身

图31　左脚向左一步，右脚跟上，与左脚并拢，左脚后退一步，右脚跟上，与左脚并拢

18. 行鞠躬礼

行鞠躬礼

19. 退回

端盘转身退回

四、收尾

收尾工作同上一节，有始有终，养成习惯。

五、师匠的叮嘱

武夷岩茶一般可泡七次以上，第二次冲泡的时间缩短为10~15秒，第三次开始可每次延长5~10秒，用茶盅盛汤再请品茗者分享。

不难发现，茶艺流程设计中没有一套有"洗茶"的动作！为什么不需要洗茶？

首先，茶叶遇水后，茶叶内含物质如维生素、氨基酸、茶多酚等会快速浸出，香气物质也会溶解在茶汤里和挥发在空气中，这些物质都是有益人体健康的营养成分和功能成分，如果第一泡不喝，岂不浪费！如武夷岩茶，经多次焙火，物质浸出非常迅速，不需要洗茶。

其次，符合国家标准的茶叶安全、卫生，可以放心饮用。若有不利于健康的物质，冲洗一次解决不了实际问题，只是心理安慰而已。

再次，从枝头的嫩芽到一杯香茶，期间有多少人付出了辛苦的劳动，我们不好好珍惜，岂不辜负了种茶人、制茶人及赠茶人的一片心意。习茶是怀着感恩的心将匠心传递下去，匠心泡茶，呈现茶的美好。

最后，如对这款茶的卫生、安全不放心，那就不要喝。

总之，合格的茶不用洗，不合格的茶建议不要喝。

第三节
绿茶小壶泡法

绿茶除用玻璃杯冲泡外，还可以用壶泡、碗泡，常用的壶、碗的质地有陶、瓷等。小壶泡绿茶，选用壶口大，壶腹浅的壶有利于散热。陶瓷茶壶不透明，无法看到芽叶的形态。

本套小壶泡法以浙江缙云黄茶为例。缙云黄茶是由黄叶茶新品种"中黄2号"制作而成的绿茶，氨基酸含量可达7%～9%，高于一般绿茶，用瓷壶、中温（65℃左右的水温）冲泡缙云黄茶，优点是能突出该茶滋味鲜醇的特征，缺点是无法欣赏缙云黄茶秀美的外形。

一、准备

事前生好炭炉，放于右边备茶台上或放于右边桌面上，水壶先放于炭炉上煮水，小插花放于桌面左上角。

三个品茗杯倒扣在杯托上，放于茶盘中间，茶瓢搁于茶瓢架、叠放在洁方上，洁方叠于受污上，放于茶盘中间内侧，凉水杯放于左上角，茶叶罐放于左下角，水盂放于茶盘右下角，茶壶放于右上角。

器具名称	数量	质地	容量或尺寸
直把茶壶	1	瓷质	直径9厘米，高7厘米，250毫升
凉水杯（茶盅）	1	瓷质	直径9厘米，高7厘米，250毫升
品茗杯	3	瓷质	直径6.5厘米，高5厘米，70毫升
茶叶罐	1	瓷质	高13厘米，直径9厘米
茶瓢	1	竹制	长16厘米，瓢宽3厘米
茶瓢架	1	金属	长5厘米，高2.5厘米
水壶	1	陶质	直径11厘米，高9厘米，容量350毫升
煮水器	1	陶炭炉	直径13厘米，高24厘米
杯托	3	陶质	直径8厘米
受污	1	棉质	长27厘米，宽27厘米
洁方	1	棉质	长24厘米，宽10厘米
水盂	1	瓷质	直径13厘米，高9厘米，容量600毫升
茶盘	1	木质	长50厘米，宽30厘米，高3厘米

二、师匠的提示

绿茶小壶泡法的关键点为投茶量、水温和冲泡时间的控制。

1. 投茶量

投茶量为两瓢，每瓢约2克，共4克左右。壶的容积250毫升，注水约八分满，约200毫升，茶水比为1:50。

2. 水温

茶盅作凉水杯用，冲泡的水温为65℃左右。65℃水温下，氨基酸浸出较快，茶多酚与咖啡因浸出较慢，酚氨比低，茶汤较鲜美。行茶过程中，温壶时，注水入茶壶后，接着注水入凉水杯。温品茗杯时，凉水杯中开水的水温在下降，再经润茶，至冲泡时，水温降到65℃左右。

3. 冲泡时间

由于水温不高，茶叶中内含物质浸出较慢，冲泡的时间与其他茶相比略长，为3分钟左右。

三、流程

上场→放盘→行鞠躬礼→入座→布具→行注目礼→凉水→温壶→置茶→润茶→摇香→冲泡→温杯→分汤→奉茶→收具→行鞠躬礼→退回

1. 上场

图2　向左转90°，面向品茗者，双脚并拢，右脚上前一小步，左脚跟上并拢，脚尖与凳子的前缘平，身体紧靠凳子

图1　身体为站姿，两脚并拢，双手端盘，肩关节放松，双手臂自然下坠，茶盘高度以舒服为宜，小臂与肘平，右脚开步

2. 放盘

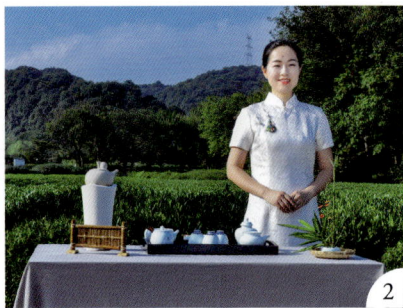

图1　蹲姿，左脚在右脚前交叉，重心下移，身体中正；双手向右推出茶盘，放于桌面

图2　双手、左脚同时收回，成站姿

3. 行鞠躬礼

图1　行鞠躬礼，双手分开，贴着身体，滑到大腿根部，头背成一条直线，以腰为中心身体前倾15°，停顿3秒钟

图2　身体带着手起身成站姿

4. 入座

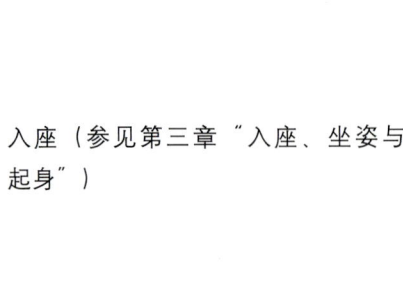

入座（参见第三章"入座、坐姿与起身"）

图1 从右至左布置茶具

图2、3 移水盂。双手捧水盂，置于茶盘右侧水壶后，与水壶成一条斜线

图4、5 移茶瓢及架。双手手心朝下，虎口成弧形，手心为空，取茶瓢与架，放于茶盘后

图6~8 移洁方。双手手心朝上，虎口成弧形，手心为空，托洁方，放于茶盘后

图9、10　移受污。双手手心朝上，虎口成弧形，手心为空，托受污放于茶盘后

图11~13　移茶罐。双手捧茶罐，走弧线移至茶盘左侧

图14、15　移凉水杯。双手捧凉水杯，移至茶盘左下角

图16、17　移直把壶。双手捧直把壶，移至茶盘右下角，与品茗杯，凉水杯成"三角形"

图23、24　布具完成

图18~22　翻品茗杯，依
1、2、3号品茗杯的顺序
（参见第三章"翻杯"）

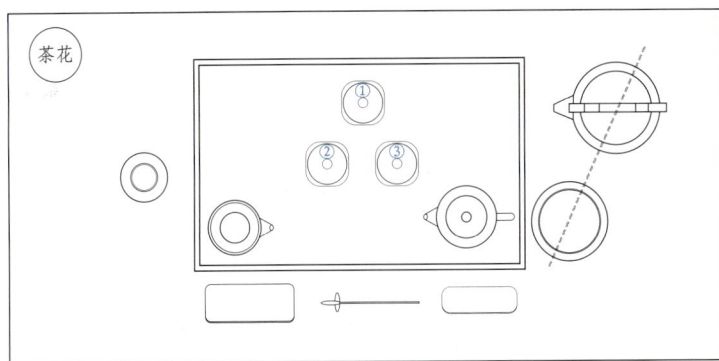

▲布具完毕，茶具位置示意图

6.行注目礼

行注目礼，（参见第三章"习茶礼"），意为"我已准备好了，将为您泡一杯香茗，请耐心等待。"

7.凉水

图1~3　右手开壶盖，沿外弧线搁于品茗杯上，品茗杯作盖置用

图4、5　将沸水注入茶壶八分满

图6~8　注水入凉水杯约八分满，凉水

8. 温壶

图1~4　壶盖沿内弧线盖回至壶上，与开盖形成一个"圆"

图5~8 取直把壶，放于左手掌心，调整壶嘴，向里

图9~11 将茶壶中的水注入1号品茗杯

图12、13 依次注入2、3号品茗杯

图14~16 调整壶嘴方向，放回茶壶

9. 置茶

图1~3 打开壶盖，搁在品茗杯上

图4~6　捧取茶叶罐，至胸前

图7　开茶罐盖

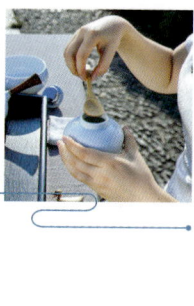

图8~10　手心朝下取茶瓢，转为手心向上

图11~20　取第一瓢茶叶，放入茶壶

图21~22　取第二瓢茶叶，放入茶壶

图23~25　取茶毕，茶瓢搁在茶罐口，右手转为手心向下持茶瓢，放下

图26~30　加盖

图31　放回茶叶罐

10. 润茶

图1~4　将凉水杯里的水少量注入壶内，润茶

图5　放回凉水杯

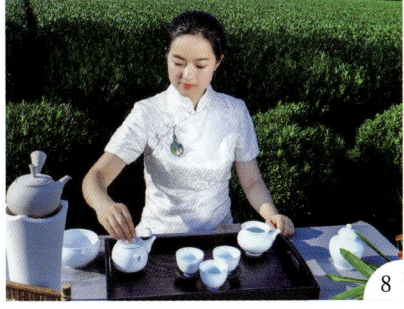

图6~8　茶壶加盖

11. 摇香

  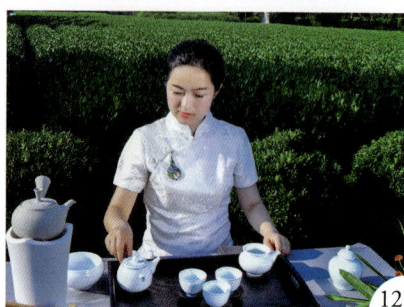

图1~12　摇香。缓慢转动一圈，快速转动两圈

12. 冲泡

图1~3　开盖

图4~7　冲泡，将凉水杯里的水注入茶壶至八分满

图8、9 放回凉水杯

图10~12 茶壶加盖

13. 温杯

图1~3 右手取洁方,换左手

图4~14　以洁方辅助，温烫1号杯

图15、16　1号杯弃水

图17~19　用洁方拭干1号杯的水渍（参见第三章"温具"）

图20~22　放回1号杯

图23~28　温2号杯、弃水、拭去水渍

图29　温3号杯后放下

图30、31　换右手托洁方，放回原位

14. 分汤

图1~8　第一巡斟茶四分之一杯

图9~12　第二巡斟茶至三分之二杯

图13~15　第三巡斟茶，最后几滴分入各杯，以使各杯茶汤浓度基本一致

图16~18　茶壶在受污上压一下，以吸干壶底的水渍，将茶壶放于茶盘左侧

图19~21　捧凉水杯放于茶壶后

图22~24　双手移动品茗杯，先往内，再往两边，使三个品茗杯形成一个三角形

图25~27　双手端盘

图28~30　起身，左脚向左边开步，右脚并上

图31~33　左脚往后一步，右脚并，转身

15. 奉茶

图1　端盘至品茗者前

图2　行奉前礼

图3　品茗者回礼

图4　左手托盘

图5　蹲姿，重心下移

图6　端茶杯与托送至品茗者伸手可及处

图7、8　伸出右手，示意"请"

图9 起身

图10 后退一步，行奉后礼

图11 转身向下一位品茗者奉茶

16. 收具

图1~3 收茶盘，从左边进入

图5 入座，从左至右收具，器具返回的轨迹为"原路"，最后移出的器具，最先收回，并放回至茶盘原来的位置上

图4 放下茶盘

图6、7 收凉水杯。双手捧凉水杯，放回

图8~11　收茶壶。双手捧茶壶，放回

图12~14　收茶罐。捧茶罐，至胸前，放于原位

图15、16　收受污

图17~19　收洁方

图20~22　收茶瓢及架

图23~25　收水盂。双手端水盂,放回

图26~28　端茶盘起身,左脚向左一步,右脚并拢,左脚后退一步,右脚并上

17. 行鞠躬礼

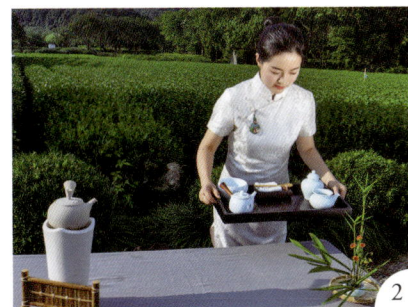

图1、2　行鞠躬礼

18. 退回

端盘、转身、退回

四、收尾

将所有的器具收回，清洗干净、沥干，放于柜子内原位。场所收拾整洁。

五、师匠的叮嘱

壶内茶叶可再泡两次，水温凉到65℃左右，第二泡2分半钟出汤，第三泡3分半钟出汤。用凉水杯盛汤与品茗者分享。

剩下的茶叶叶底用刀切碎，与打散的鸡蛋液混合，1克茶1个鸡蛋的比例，加少许盐，搅匀，入油锅煎熟食用，这可是真正的"茶叶蛋"哦！

布具与收具都有规律可循。布具时，器具的取放从右边至中间，再至左边，放于席面相应的位置。收具时正好相反，从左边至中间，再至右边，先收最后移出的器具，最后收最先移出的器具，收回的器具放于盘内原来的位置，物归原位，养成好习惯。

"逆时针"还是"顺时针"？右手的动作都是逆时针方向转，包括翻杯、注水、温杯、温壶、摇香等。"逆时针"其实是从外往里"包"的趋势，依此规律，若是左手的动作，也是从外往里"包"，两手相抱形成一个"圆"。

第四章

煮茶法修习

本章的煮茶法修习，主要为六大茶类中的白茶和黑茶而设计。

白茶与黑茶可以泡饮，也可以煮饮。

白茶加工时不炒也不揉，细胞破损少，茶汁溶出慢；黑茶采用的原料比较成熟，且加工过程需要长时间的堆积发酵。

一些有点年份的白茶与黑茶，用煮茶法饮用，茶味更醇厚，陈香更浓，韵味更足！

煮茶法始于先秦，完善于唐朝。唐以前煮茶时加入葱、姜、橘皮、枣等，陆羽称之为"斯沟渠间弃水耳"。陆羽《茶经·五之煮》中详细阐述了煮茶用水、炭火的选取和煮茶程序。唐朝的煮茶程序为：炙、碾、筛、罗、煮等。水有三沸，"如鱼目，微有声音，为一沸；缘边如涌泉连珠，为二沸；腾波鼓浪，为三沸。"一沸时加少量盐；二沸时，舀出一勺水，"用竹箸环激汤心，则量末当中心而下"；三沸时，用舀出的一勺水止沸、"育其华"。陆羽煮的是当时生产的蒸青团饼茶，现代已很少生产，特别是煮茶的器具，非常复杂，目前除了在仿古茶艺演示中使用以外，现代人生活中很少用唐朝的煮茶法饮茶。

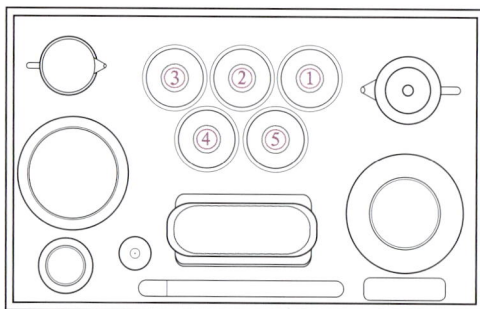

一、准备

炭火炉烧旺，水壶装水，搁于炭炉上煮水，放于凳子右侧的备茶台上。茶盘内酒精炉加上酒精，备用。

五个品茗杯倒扣于杯托上，放于茶盘中间前端，茶荷叠于受污上，放于内侧，香盒与香插放在受污后，左侧依次放茶盅、水盂、茶叶罐，右下角放酒精炉，右上角放茶壶。

器具名称	数量	质地	容量或尺寸
煮茶壶	1	银质	高10厘米，直径8厘米，容量300毫升
酒精煮茶炉	1	陶质	高13厘米，直径9厘米
茶炉托	1	陶质	直径12厘米
品茗杯	5	瓷质	直径6厘米，高4.5厘米，70毫升
杯托	5	木质	直径8厘米
茶盅	1	银质	直径10厘米，高6.2厘米，容量170毫升
茶盘	1	木质	长50厘米，宽30厘米，高3厘米
茶叶罐	1	银质	直径10厘米，高7厘米
茶荷	1	银质	长15厘米，宽5厘米
水壶	1	陶质	直径14厘米，高12厘米，容量1200毫升
炭火炉	1	陶质	直径15.5厘米，高10厘米
水盂	1	瓷质	直径11厘米，高6厘米，容量300毫升
香盒与香	1	木质	长18厘米，直径2厘米
香插	1	瓷质	直径3厘米，高1.5厘米
打火机	1	塑料	长6厘米
受污	1	棉质	长27厘米，宽27厘米

二、师匠的提示

煮好一壶白茶的关键点为选好煮茶壶和水、掌握投茶量和煮茶时间。

1. 选好煮茶容器

在高温下，茶与容器较长时间直接接触，优质、安全的容器尤其重要。就材质来说，高温烧制的陶瓷壶、玻璃壶均可，金属容器最好选用质量好的银器或不锈钢。

2. 投茶量

依人数而定，人多宜多投，人少宜少投，以寿眉为例，每人约1克茶叶，3人3克茶叶，水量为250毫升左右。

3. 煮茶用水

煮茶宜选用硬度低的山泉水。

4. 煮茶时间

把水煮开，再投茶煮3至4分钟，即可沥汤，不可文火慢炖。用燃香来计煮茶的时间，燃尽一段香的时间为3至4分钟，香燃尽正好汤分好。

三、流程

上场→入座→行鞠躬礼→布具→行注目礼→温壶→置茶→煮茶→点香→温杯→出汤→分汤→奉茶→收具→行鞠躬礼→退回

1. 上场

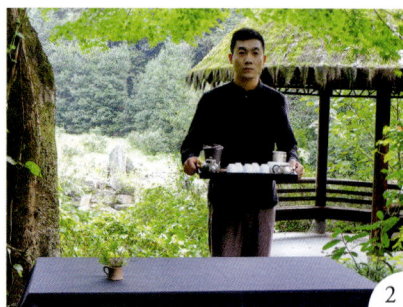

图1、2　端盘上场，直角转弯，面对品茗者，身体为站姿，两脚并拢，双手端盘，肩关节放松，双手臂自然下坠，茶盘高度以舒服为宜

2. 入座

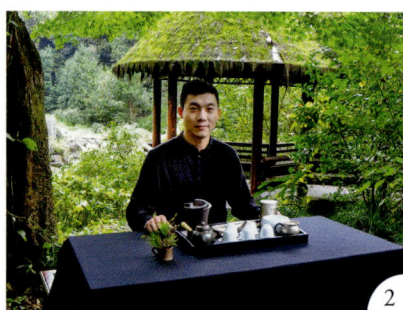

图1　右脚向右一步，左脚并上，身体移动至凳子前方中间

图2　坐下（参见第三章"入座、坐姿与起身"），同时，放下茶盘

3. 行鞠躬礼

行鞠躬礼。双手半握拳，与肩同宽搁于桌面上，头背成直线，以腰为中心身体前倾10°（参见第三章"习茶礼"）

4. 布具

图1~3　从右至左布具。移酒精炉。双手捧酒精炉，置于茶盘右侧

图4、5 移茶荷。左手手心朝下，虎口成弧形，取茶荷，放于茶盘后左边

图6、7 移受污。双手托受污，置于茶盘后中间

图8、9 移香盒与打火机。双手分别取香盒与打火机，放于茶盘后靠右侧

图10、11 移茶罐。双手捧茶叶罐，放于茶盘左侧靠前

图12~14 移水盂。双手捧水盂，置于茶盘左侧中间，与茶叶罐成一条斜线

图15~17　移茶盅。移动茶盅至茶盘左下角

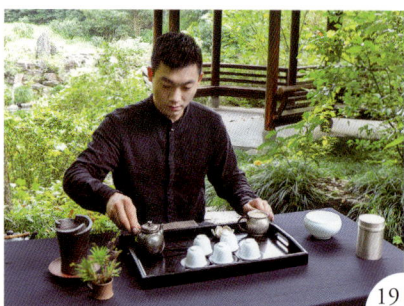

图18、19　移茶壶。移动茶壶至茶盘右下角

5. 行注目礼

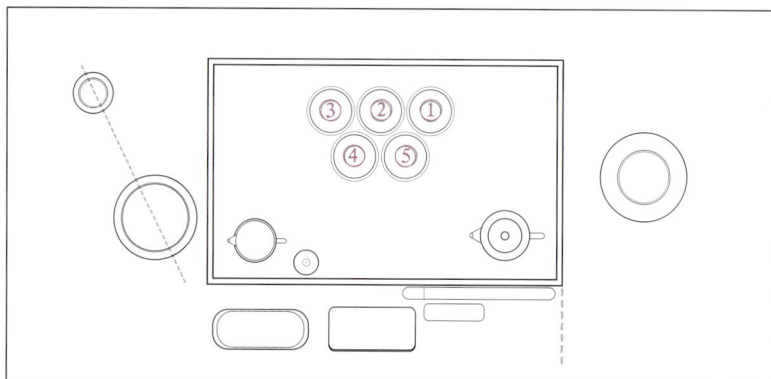

图1　行注目礼（参见第三章"习茶礼"）　　▲布具完毕，茶具位置示意图

图2~4　翻1号杯（参见第三章"翻杯"）

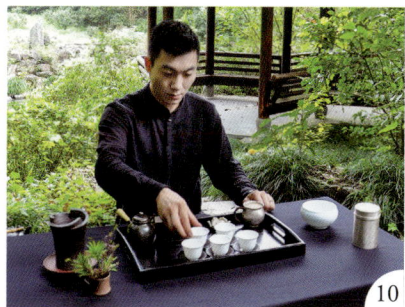

图5~10　依次翻2、3、4、5号杯

6. 温壶

图1~3　打开壶盖，搁于品茗杯上

图4~6　从备茶桌上的炭炉上提水壶，注水入煮茶壶

图7、8　注水约为煮茶壶的三分之一

图9　放回水壶

图10~12　盖上茶壶盖

图13~16　右手握住煮茶壶直把，左手压盖，转动手腕，温壶

图17~19　温壶毕，将水注入茶盅

7. 置茶

图1~3　打开壶盖，搁于品茗杯上

图4、5　取茶叶罐

图6~9　开盖（参见第三章"开、合茶叶罐盖"）

图10~13　换右手握茶罐，左手握茶
荷，取茶叶
右手手腕转动，茶叶从茶罐内倾出

图14、15　放下茶罐，左手移到茶壶上，置茶

图16~18　放下茶荷

图19~21　右手取茶罐，换左手持罐

图22、23　右手取茶罐盖，加盖

图24~26　放下茶罐

图1~3　从备茶桌的炭炉上提水壶

图4、5　提壶向煮茶壶中注水至八分满　　　　　图6　放下水壶

图7~10　加盖　　　　　图11、12　点燃酒精炉

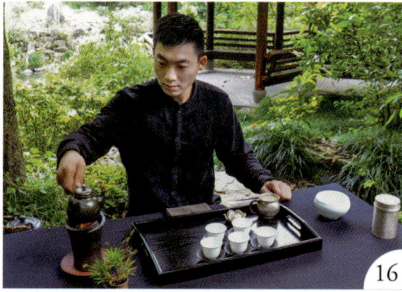

图13~16　右手握壶，移到酒精炉上，煮茶

9. 点香

图1~7　取香和香插，准备点燃

图8~13　点香，插香

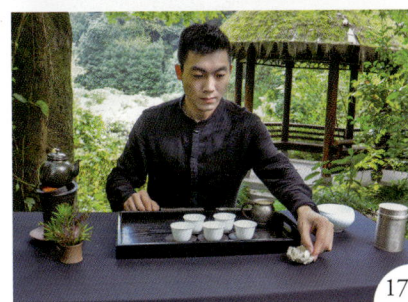

图14~17　右手端起香插，换左手，放于茶盘左前端

10. 温杯

图1~8　将茶盅中的水逐一注入品茗杯

图9~11　在受污上压一下，以吸干水渍，将茶盅放回

图12~15　温1号杯（参见第三章"温具"）

图16　1号杯弃水

图17、18 在受污上压一下，以吸干水渍，放回

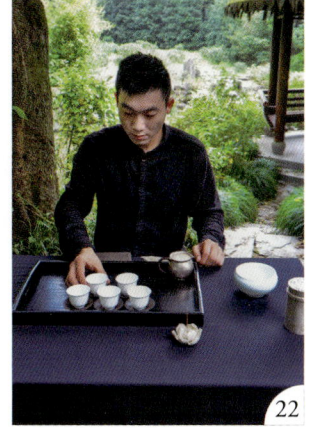

图19~22 依次温2号至5号杯

11. 出汤

图1~4 右手握壶，将壶从炉上移至茶盅上方

图5 出汤

图6、7 放回煮茶壶，茶壶内留有一定量的茶汤，可再注水

12. 分汤

图1~4 分汤至1号杯

图9 茶汤分完，香同时点完，品茶时，只有茶香

图5~8 依次分汤入2、3、4、5号杯

13. 奉茶

图1、2 茶盅放于茶盘左侧

图3、4 移动茶盘前排左右两边的茶杯，至杯均匀分布于茶盘中

图5~7 移动后排两杯，先向后，再向两边，至杯均匀分布于茶盘中

图8、9 先端盘，再起身

图12 左转90°

图10 左脚向左一步，右脚并上

图11 左脚后退一步，右脚并上

图13、14 至品茗者前

图15 行奉前礼，品茗者回礼

图16、17 弯腰，端杯放至品茗者前伸手可及处

图18 伸出右手，示意"请"，即行奉中礼

图19 后退一步，行奉后礼

图20~26 离开品茗者的视线，移动盘内的杯子至均匀分布于盘中，向下一位品茗者奉茶

14. 收具

图1~3 收盘

图4 从桌子左边回   图5、6 入座，放下茶盘

图7 从左至右收具，器具"原路"
返回到茶盘中原来的位置

图8、9 先收茶盅

图10、11　收水盂

图12、13　收茶叶罐

图14~16　收香插

图17~19　收受污，放于茶盘右上角

图20、21　收茶荷

图22、23　收香盒和打火机

图24、25　收茶花

图26~29　收茶壶，放于受污上

图30~32　收酒精炉

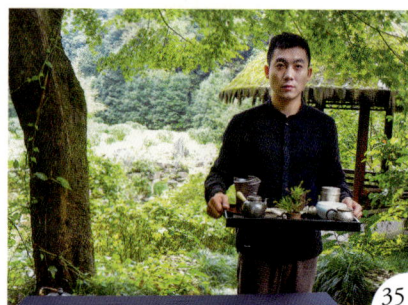

图33、34 端盘，起身 　　　　　　　　　　　　　　　　　　　　图35 左脚向左移，右脚并上

15. 行鞠躬礼　　　　**16. 退回**

行鞠躬礼　　　　　　　　　　　　　　　　转身，退回

四、收尾

器具收回、洗净、擦干净，放于原位备用。善始善终，养成好习惯。

五、师匠的叮嘱

3克白茶第一次煮3~4分钟，第二次煮5分钟，茶叶的有效成分基本全部浸出，再煮已没有多少营养物质浸出。

习茶者把品茗者邀进茶室，为的是亲自献上一盏浓度和温度都适宜、蕴含一份诚意和敬意的茶汤，让品茗者满足。茶汤的浓度、温度、心意三者都同等重要——浓度正好适合品茗者的口感；品茗者品茶时茶汤温度正好45~55℃，汤温不烫也不冷；恭敬的礼仪和规范的流程，是为了让这盏茶装满心意。如果不是事先充分准备，选配合适的茶具，行茶过程中调整茶量、水温以及控制动作快慢的节奏，就不可能烹出一盏口感恰到好处的茶汤。

第五章

点茶法修习

日常生活中，点茶法已难寻迹影，
但点茶盛行于宋元数百年间，
上至帝王、下达百姓，朝野坊间无不"斗"得意兴盎然。

这里，我们依据古人点茶的原理和方法，
把古代的点茶程序进行简化，
运用现代茶叶科技的成果——抹茶粉及现代礼仪程式，
设计了这套可以修习的抹茶点茶法，
于现代生活中重温古人的生活情调。

点茶法始于五代，兴盛于宋朝，蔡襄《茶录》中记述的点茶程序为炙茶、碾茶、罗茶、候汤、熁盏、点茶。点茶时，茶量要适中，"茶少汤多，则云脚散；汤少茶多，则粥面聚"；茶筅击拂要均匀，"钞茶一钱匕，先注汤，调令极匀，又添注之，环回击拂"；点至饽沫（饽，指厚的茶汤泡沫；沫，指薄的茶汤泡沫）"面色鲜白，著盏无水痕为绝佳"。赵佶在《大观茶论》中详述点茶用的器具、水和点茶的方法。"盏色贵青黑""筅以箸竹老者为之""水以轻清甘洁为美""凡用汤以鱼目、蟹眼连绎进跃为度，过老则以少新水投之，就火顷刻而后用"。煮水时，水珠呈"鱼目、蟹眼"时为一沸，此时的水温85℃左右。赵佶强调，点茶先调膏，然后再注水，称之为"第二汤"，"第二汤自茶面注之，周回一线，急注急止"，之后从"第三汤"一直加至"第七汤"。手法上宜"手轻筅重"，至"乳雾汹涌，溢盏而起，周回凝而不动，谓之咬盏，宜均其轻清浮合者饮之"。

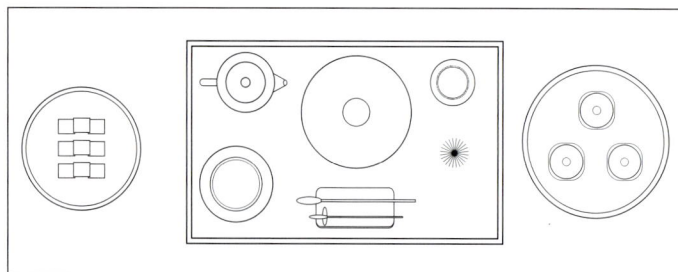

一、准备

点心盘、奉茶盘分别放于点茶盘左侧与右侧。点茶盏放于茶盘中间，茶瓢茶匙叠于受污上，执壶放左上角，水盂放左下角。抹茶罐放右上角，茶筅放在抹茶罐后。

器具名称	质地	数量	容量或尺寸
执壶	瓷质	1	高22厘米，直径12厘米
盏	瓷质	1	高6厘米，直径18厘米
茶筅	竹制	1	100条（竹穗数）
品茗杯	瓷质	3	直径8厘米，高5厘米，容量75毫升
杯托	木质	3	直径8厘米
茶点盘	木质（圆形）	1	直径12厘米，高1.6厘米
奉茶盘	木质（圆形）	1	直径27厘米，高3厘米
抹茶罐	瓷质	1	高5厘米，直径6厘米
水盂	瓷质	1	直径12厘米，高8厘米，容量650毫升
茶瓢	银质	1	长22厘米
茶匙	木质	1	长18厘米
茶匙架	金属	1	长5厘米，高1.5厘米
受污	棉质	1	长27厘米，宽27厘米
点茶盘	木质	1	长50厘米，宽30厘米，高3厘米

二、师匠的提示

点好一盏抹茶的几个关键点为水温、投茶量、注水方法和次数及持茶筅手法。

1. 水温

水温不宜太高，应低于85℃。《大观茶论》中说："凡用汤以鱼目、蟹眼连绎迸跃为度，过老则以少新水投之，就火顷刻而后用。"陆羽《茶经》以"其沸如鱼目"者为一沸之水。水要新煮，如果是久煮的水，氧气挥发殆尽，则需加入少量新冷水，以增加氧气的含量，一沸水点茶，茶汤更鲜活。

2. 投茶量

茶量根据人数而定，投茶量为每人0.5克茶粉。

3. 注水方法——多次注水、多次击拂

用茶筅在盏中击拂时，抹茶与空气充分调和，多次注水，多次击拂，饽沫会更丰富、细腻、绵长、柔滑。细腻、绵长、柔滑的饽沫不但好喝，还可以在饽沫上注汤幻字或绘画，更添情趣。

4. 持筅手法

手腕充分打开，灵活，手轻筅重，不僵硬。

三、流程

奉茶点→端奉茶盘→端点茶盘→入座→行鞠躬礼→布具→行注目礼→温茶筅→温盏→置茶→点茶→温杯→分茶→奉茶→入座→收具→行鞠躬礼→退回

1. 奉茶点

图1、2　身体为站姿，两脚并拢，双手端点心盘，肩关节放松，双手臂自然下坠，点心盘高度以舒服为宜，右脚开步，端点心盘至品茗者前

图3　行礼，品茗者回礼

图4~6　弯腰，送点心，伸出右手示意"请"

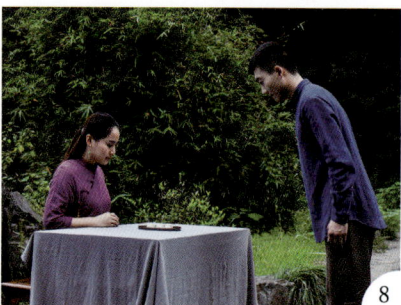

图7、8　左脚后退一步，右脚并上，行礼，返回

2. 端奉茶盘

图1~7　端奉茶盘，弯腰放于茶桌右侧，后退一步，转身返回

3. 端点茶盘

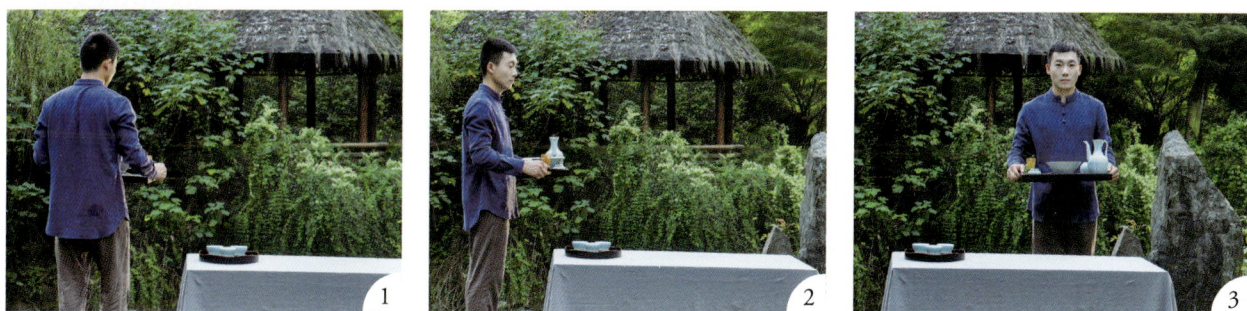

图1~3　端点茶盘，面对品茗者，身体为站姿，双手端茶盘，肩关节放松，双手臂自然下坠，茶盘高度以舒服为宜，两脚并拢，身体靠近凳子，脚尖与凳子前缘平

4. 入座

端盘入座（参见第三章"入座、坐姿与起身"）

5. 行鞠躬礼

图1、2　双手半握拳，与肩同宽搁于桌面上，头背挺直成直线，以腰为中心身体前倾10°行礼，稍作停顿，回正

6. 布具

图1　移茶瓢。右手手心朝下，虎口成弧形，取茶瓢，置于茶盘后

图2、3　移茶匙及架。双手手心朝下，取茶匙和茶匙架，置于茶盘后

图4~6　移受污。双手端受污，置于茶盘后

图7~10　移水盂。双手捧水盂，放于茶盘左侧

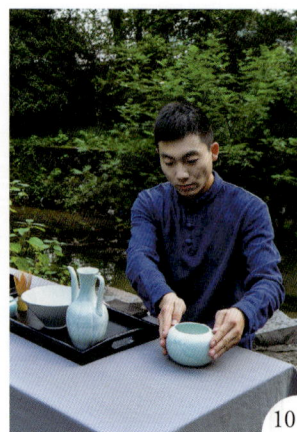

图11　左手持执壶往里移动　图12、13　双手捧茶盏向里移动

7. 行注目礼

双手半握拳与肩同宽搁于桌上，目光注视品茗者，意为："我准备好了，将为您点一盏茶，请您耐心等待。"（参见第三章"习茶礼"）

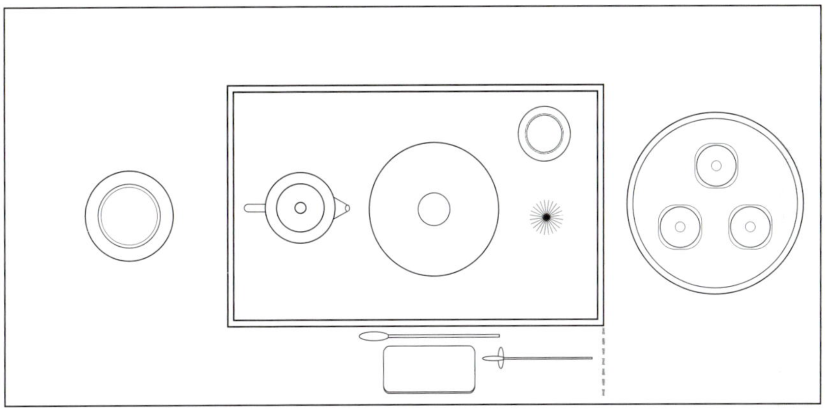

▲布具完毕，茶具位置示意图

8. 温茶筅

图1~4　左手持执壶，注水约三分之一盏

图1~6 温茶筅。右手持茶筅，从盏3点位置放入，沿盏壁逆时针转一圈

图7、8 从盏的6点位置取出（参见第三章"温具"）

图9 茶筅放于原位

9. 温盏

图1~9　温盏（参见第三章"温具"）。双手捧盏，逆时针向里、右、前、左、里，旋转一圈

图10　弃水，左手持盏，盏面垂直于水盂平面

图11　盏底在受污上压一下，以吸干水渍

图12　放回

10. 置茶

图1~3　右手取抹茶罐，放入左手掌心

图4~6　右手打开罐盖

图7、8　翻转罐盖，放下

图9　右手手心朝下，提起茶匙

图10~12　茶匙水平，头部搁于茶叶罐口，右手从茶匙末端滑下，托住茶匙柄部，换成"握铅笔"状，探入茶罐取茶粉

图13~19　舀茶粉两匙，约4克，放入茶盏，茶匙在盏3点钟位置轻敲一下，以使粘在茶匙上的茶粉脱落

图20、21　收回茶匙，放回原位

图22~24　加盖

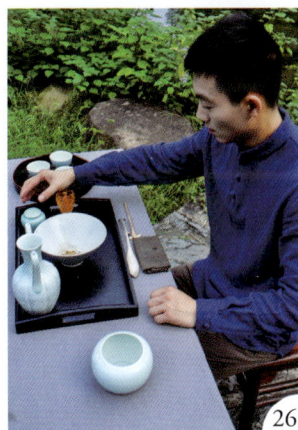

图25、26　右手将茶罐放回原位

11. 点茶

图1、2　左手持执壶沿盏壁注少量水入盏

图3　放回执壶

图4~8　右手持茶筅，将茶与水调成膏状，右手从碗的6点钟位置沿壁取出茶筅

图9、10　放回茶筅

图11、12　左手持执壶，沿盏壁注入少量水

图13~15　右手持茶筅，在盏中央前后，从慢到快，借手腕的力量，画 "1"

16 图16 由慢到快画"1"

图17 取出茶筅

18 图18 环盏内壁从9、12、3、6、9点位置环一周自茶面注少量水

图19 注水毕

20 图20~22 前后划"1",从6点钟位置取出茶筅,放回原位

图23~26 再环盏自茶面注入少量水

图27　注水毕

图28　前后划"1"

图29、30　环形注水一周，如此，可反复多次，根据《大观茶论》记载，最多可注水七次，一般注水四五次即可

图31~33　左手持执壶，放在受污上

图34　换右手持执壶

图35~37　注水入品茗杯

图38、39　注水毕，仍换回左手持执壶

图40、41　放于原位

图42~45　点茶，茶筅画"1"

图46　右手持茶筅，手轻筅重，画"1"至泡沫细、浓、密、白，提茶筅，从6点位置取出茶筅，放于原位

图1~3　右手取品茗杯，换左手快速弃水

图4~6　杯交右手，在受污上压一下，放回奉茶盘，另外两杯依次弃水

13. 分茶

图1~8　右手取第一个品茗杯，换左手托杯，右手持茶瓢，舀馞沫及汤适量入杯

图9~12　右手取第二个品茗杯，换左手，右手持茶瓢，舀饽沫及汤适量入杯

图13~19　右手取第三个品茗杯，换左手，右手持茶瓢，舀饽沫及汤适量入杯

图1 起身，弯腰

图2 端盘

图3 后退一步

图4~7 转身开步

图8 端奉茶盘至品茗者前

图9 直角转弯面对品茗者

图10 行礼，品茗者回礼

图11 左手托茶盘

图12 弯腰，右手奉茶

图13 伸出右手，示意"请"

图14　品茗者回礼

图15~17　起身后退一步，行礼，品茗者还礼

图18~21　转身，移动盘中杯子至均匀分布，向下一位品茗者奉茶

15. 入座

入座（参见章"入座、坐姿与起身"）

图1、2　收具，先收水盂

图3　盏移回原位

图4、5　收受污

图6~8　收茶匙

图9~11　端点茶盘，起身

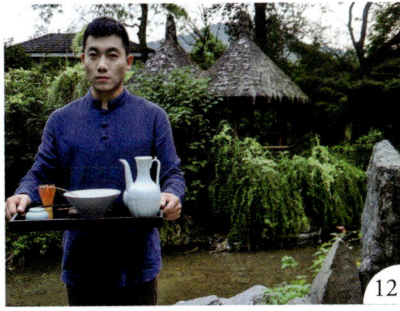

图12 右脚往右一步，左脚并上，后退一步

17. 行鞠躬礼

行鞠躬礼

18. 退回

转身，退回

四、收尾

收回的茶具清洗干净，擦干，放回原处，备用。善始善终。

五、师匠的叮嘱

奉给品茗者的是饽沫，留在盏内的是茶汤，盏内可再继续注水击拂，点至饽沫丰富，舀出继续分享，可反复多次，直至分完为止。

该套茶艺设有点心。习茶开始，先奉点心。品茗者可先欣赏精致的茶点，形状、色泽、做工等，不要马上吃，等置茶结束、点茶前，就可以享用点心啦。

结束语

九套茶艺特别强调事前准备与事后收尾，如此行茶才是一个完整的过程。事前准备充分，安置妥贴，行茶过程中方可气定神闲，一盏茶汤才能恰到好处。

事后收尾往往易被忽略，我们经常看到茶室杯盘狼藉！事后收尾更是习茶者修养的体现，收尾工作做得不好，下次茶事活动时就无法顺利使用。做好习茶的事前准备与事后收尾工作，并逐渐内化成日常处事的行为习惯，有始有终。

每日修习非常重要！

每天用半小时到一小时的时间，放松身心，排除杂念，静心练习，熟练到让身体记住动作，日积月累，年复一年，就可达到形、心、神、精、气合一，天人合一的境界。

主要参考文献

[1] 蔡荣章. 茶道入门——泡茶篇. 北京：中华书局，2007.

[2] 蔡镇楚. 茶美学. 福州：福建人民出版社，2014.

[3] 陈宗懋，杨亚军. 中国茶经（2011年修订版）. 上海：上海文化出版社，2011.

[4] 陈宗懋. 中国茶叶大辞典. 北京：中国轻工业出版社，2000.

[5] 陈宗懋，甄永苏. 茶叶的保健功能. 北京：科学出版社，2014.

[6] 丁文. 茶乘. 香港：天马图书有限公司，1999.

[7] 冯友兰著，赵复兰译. 中国哲学简史. 北京：外语教学与研究出版社，2015.

[8] 傅佩荣. 国学的天空. 西安：陕西师范大学出版社，2009.

[9] 龚淑英，鲁成银，刘栩等. 中华人民共和国国家标准. 茶叶感官审评方法. GB/T 23776—2009.

[10] 郭象注（晋），成玄英疏（唐），曹础基，黄兰发点校. 庄子注疏. 北京：中华书局，2011.

[11] 汉宝德. 如何培养美感. 北京：三联书店，2016.

[12] 江用文，童启庆. 茶艺师培训教材. 北京：金盾出版社，2008.

[13] 江用文，童启庆. 茶艺技师培训教材. 北京：金盾出版社，2008.

[14] 金基强，周晨阳，马春雷等. 我国代表性茶树种质嘌呤生物碱含量的鉴定. 植物遗传资源学报，2014,15（2）：279-285.

[15] 林语堂. 生活的艺术. 南京：江苏文艺出版社，2010.

[16] 李启彰. 茶器之美. 北京：九州出版社，2016.

[17] 彭林. 彭林说礼. 北京：电子工业出版社，2011.

[18] 彭林.中华传统礼仪概要.北京：高等教育出版社，2006.

[19] 汤漳平，王朝华译注.老子.北京：中华书局，2014.

[20] 童启庆，寿英姿.生活茶艺.北京：金盾出版社，2008.

[21] 童启庆，蔡荣章.影像中国茶道.杭州：浙江摄影出版社，2002.

[22] 王鑫，杨西文，杨卫波.人体工程学.北京：中国青年出版社，2012.

[23] 杨亚军，梁月荣.中国无性系茶树品种志.上海：上海科技出版社，2014.

[24] 杨亚军.评茶员培训教材.北京：金盾出版社，2008.

[25] 尹军峰.水质对龙井茶风味品质的影响及其机制.杭州：浙江工商大学博士学位论文.2015.

[26] 余悦，王建平.茶具清雅.北京：光明日报出版社，1999.

[27] 于丹.《庄子》心得.北京：中国民主法制出版社，2007.

[28] 张美娣，阮浩耕，关剑平等.茶道茗理.上海：上海人民出版社，2010.

[29] 郑佩萱.茶道.北京：北京联合出版公司，2015.

[30] 朱光潜.朱光潜谈美.上海：华东师范大学出版社，2012.

[31] 朱海燕.中国茶美学研究——唐宋茶美学思想与当代茶美学建设.北京：光明日报出版社，2009.

[32] 朱良志.中国美学十五讲.北京：北京大学出版社，2006.

[33] 朱自振，沈冬梅，增勤.中国古代茶书集成.上海：上海文化出版社，2010.

[34] 宗白华.美学散步.上海：上海人民出版社，2015.

[35] 中国科协学会学术部.茶与健康的科学研究.北京：中国科学技术出版社，2014.

[36] (日)北见宗辛.DVD茶道教室.东京：山と溪谷社，2011.

[37] (日)茶学の会.茶业と茶の汤.静冈：黑船印刷株式会社，2005.

[38] (日)冈仓天心著.谷意译.茶之书.济南：山东书画出版社，2012.

[39] (日)静冈县お茶と水研究会编.お茶と水.静冈县お茶と水研究会事务局，2001.

[40] (日)千宗室.薄茶点前 风炉•炉.东京：株式会社 淡交社，2010.

[41] Jin JQ, Ma JQ, Ma CL et al. Determination of catechin content in representative Chinese tea germplasms. Journal of Agricultural and Food Chemistry, 2014,62, 9436-9441.

[42] Yamamoto T, Juneja LR, Chu DC et al. Chemistry and Applications of Green Tea.New York: CRC Press LLC, 1997.

后 记

在我幼年的记忆里，茶是爷爷茶杯里苦涩的水，是奶奶接待家里来的客人时，表达热情、欢迎的一种方式。小时候只是偶尔尝一口茶，真正开始喝茶，是1993年跟随我的先生到中国农业科学院茶叶研究所工作之后。不知是先有姻缘还是先有茶缘，与茶结下不解之缘。

第一次看到"茶艺"是1989年的秋天，在浙江农业大学华家池的大草坪上，一位老师向外宾演示"茶艺"，当时冥冥之中，我心里似乎埋了一颗"种子"。后来由徐南眉老师推荐参加中国农业科学院茶叶研究所茶艺队，成为了研究所的第二代茶艺师。之后，一直从事推广、普及茶科学和茶文化工作，茶慢慢融入我的生活，也渐渐地改变着我，让我不断完善自己，这是我在工作之中得到的额外收获。二十多年来为茶叶事业孜孜不倦，对茶的理解也不断深入，很庆幸，我的兴趣与事业融为一体。

2008年，张罗编写出版了《茶艺师培训教材》和《茶艺技师培训教材》，至今重版多次，深受读者们的喜爱。但事隔多年，常感内容上需要做进一步的补充和完善。特别在我长期的茶艺教学实践和组织的三届全国茶艺职业技能竞赛中发现，茶艺复兴时间虽不长，但发展非常迅速。"关公巡城、韩信点兵"已是"过去式"了，我们不能就此止步。茶艺在发展中不断完善和丰满！所以，我想把对茶艺的一些阶段性思考、做法与感悟整理出来与大家一起分享，于是有了单独成书的念头。这个想法与中国农业出版社的李梅老师一拍即合！

　　从有初步提纲到成书大约花了五年时间，期间得到太多老师、朋友和同事的指导与帮助，还有我的家人默默的支持。中国科协书记处原书记沈爱民先生，工作上一直支持、指导和鼓励我，也给本书提出指导意见。好友刘伟华教授、于良子高级实验师从提纲到成书，多次提出修改和建设性的意见。事业有成的大学同学李生荣和俞伟英伉俪，他们对茶、对人生有独特的思考与见解，也对本书提出宝贵意见。我的先生陈亮研究员，他是我的第一位茶学老师，是本书的第一位读者，是对本书修改次数最多的人；我的女儿陈周一琪，画图是她的专长之一，虽然学习繁忙，仍抽时间为本书画了几幅插图。

　　本书图片量大，拍摄历时两年共10余次，工作量非常大，从3万多张照片中选用近5000张图片。我的同事梁国彪编审、好友摄影技师梓安都帮助拍摄。由于工作量巨大，最后，拍摄的任务落在浙江新昌年轻的俞亚民技师身上，感谢新昌娄国耀先生的引见。俞亚民以独特的审美观和对茶艺的理解，把每一幅图都拍得很精美，他常常修图到深夜！同事段文华副研究员参与第二章"习茶器具"的编写和全书的校对。我的小伙伴们：杨洋、丁素仙、薛晨、梁超杰、吕美萍、齐何龙等不辞辛苦，参与演示，还经常得到我的同事刘栩、袁碧枫、马秀芬、潘蓉等牺牲休息时间的帮助。

　　要做成一件事，需要团队的力量。感谢上述提到和没有提到的指导、帮助我的专家、同事、好友、同学和家人。犹如习茶一样，我怀着一颗敬畏之心、感恩之心、谦卑之心与平和之心来认真、专注地做每一件事；犹如习茶一样，追求完美而不执着于完美；犹如习茶一样，我们永远在路上，没有终点。将来还会与大家分享阶段性的成果。

周智修
2017年9月